Maike Maja Nowak

# Wie viel Mensch braucht ein Hund

mosaik

Maike Maja Nowak

# Wie viel Mensch braucht ein Hund

Tierisch menschliche Geschichten

mosaik

Dieses Buch ist auch als E-Book erhältlich.

MIX
Papier aus verantwortungsvollen Quellen
FSC® C014496

Verlagsgruppe Random House FSC® N001967
Das für dieses Buch verwendete FSC®-zertifizierte Papier
*Munken Premium Cream* liefert Arctic Paper Munkedals AB, Schweden.

3. Auflage
Originalausgabe Oktober 2013

Umschlaggestaltung: Eisele Grafik Design
Umschlagfoto: Bernd Reufels (Cover) und dageldog/Stockphoto (Rückseite)
Autorenfoto hintere Klappe: knut koops photography, Berlin
Redaktion: Manuela Knetsch
Satz: Uhl + Massopust, Aalen
Druck und Bindung: GGP Media GmbH, Pößneck
MK / CB · Herstellung: IH
Printed in Germany
ISBN 978-3-442-39220-9

www.mosaik-verlag.de

# Inhalt

# Dank

Ich danke meiner Mutter. Sie musste einen schweren Weg gehen, und deshalb war auch mein Weg nicht einfach. Wäre er einfach gewesen, könnte ich nicht gegen Schwierigkeiten bestehen. Ich danke ihr dafür, dass sie mich immer liebt, im Schwierigen wie im Einfachen.

Ich danke meinem zweiten Vater dafür, dass er immer da war, wenn ich die Hilfe brauchte, die er mir geben konnte.

Ich danke meinen Hunden für ihre unverbrüchliche Freundschaft. Ihre Geduld, Sanftmut und Kraft erlaub(t)en mir, langsam zu wachsen und zu spüren, wann Beschleunigung falsch ist.

Ich danke meiner Freundin Annerose für ihre dreißigjährige Freundschaft. Ihre liebevolle Treue ist ein fester Boden inmitten all des Flüchtigen.

Ich danke allen Mitgliedern meines Teams, die immer bereit waren sich weiterzuentwickeln. Die gewachsene Form, sich aufeinander einzulassen, sich achtsam zu unterstützen, anzuregen und die Individualität jedes Einzelnen zu schätzen, ist eine große Kraft, die unsere gemeinsame Arbeit trägt.

Ich danke meinen Freunden, mit denen es möglich ist, so zu sein, wie man ist, und ein wenig auch so zu werden, wie man es sich wünscht.

Ich danke Nikoline, meiner Wunschschwester, die mein Leben bei jedem Treffen ein wenig schöner macht, und Ulrike für ihre unerschöpfliche Tatkraft und ihren Mut im Leben. Svenia und Conny danke ich für die liebevolle Betreuung meiner Hunde in der Vergangenheit und Gegenwart. An Suse, Maike und Kai einen großen Dank für ihren zuverlässigen Beistand. Gabi danke ich für die lieben Worte und die leckersten Marmeladen, die mir gleichermaßen guttun. Dir, liebe Bärbel aus Wolgast, danke ich für deine Courage und dass du nie aufgibst. Ulla danke ich für die Wiederaufnahme unserer Freundschaft. Und der sanften Inga mit ihrer weisen kleinen Tochter Annalena danke ich für die Geduld, meine Freunde zu sein, auch wenn es oft an Zeit fehlt.

Ich danke allen Hunden, die ich während meiner Arbeit kennenlernen durfte, obwohl ich ihnen nichts beibringen musste, weil sie ja selbst am besten wissen, wie es ist, ein Hund zu sein. Dafür konnte ich lernen, wie man ihnen stets dort begegnen kann, wo ihre Natur noch gesund ist – selbst dann, wenn diese vom Menschen schon völlig zerstört scheint. So gewann ich das Vertrauen darauf, dass in jedem Wesen etwas zu finden ist, das heil geblieben ist, wenn man nur seiner Natur folgt.

Ich danke auch den Menschen, die zu mir kamen, um über ihren Hund in ihrem Leben nach neuen Wegen zu suchen. Ihr Vertrauen machte mir immer wieder bewusst, wie kostbar es ist, was ich tun darf.

Ich danke meinen Nachbarn Corinna, Dietmar und Angie für ihre unfassbar große Hilfsbereitschaft und Güte. Wie viel Sorge wegen ganz alltäglicher Dinge sie schon abwehren konnten, wissen nur sie und ich.

Ich danke Frank für seine liebevolle Begleitung in meinem Leben.

Ich bin dankbar, dass ich Georg kennenlernen durfte, einen der wenigen Menschen, der die Ausstrahlung eines Leitwolfes besitzt – stark, leise und mit großem Führungsinstinkt.

Ich danke Bernd für seine Kraft, Ruhe und seinen Mut, gemeinsam mit mir das Wagnis einzugehen, in Filmen die mögliche Kommunikation zwischen Menschen und Hunden zu zeigen, auch wenn es nie möglich ist, Kommunikation ohne Missverständnisse abzubilden.

Ich danke Monika, Claudia und Corinna für ihre Leidenschaft, mit der sie kompetent meine Bücher begleiten, und meiner Redakteurin Manuela, die mein zweites Herz in jedem Buch ist.

Ich danke den vielen Menschen, die mich in sehr bewegenden Briefen und E-Mails an ihrem Leben teilhaben lassen und mich ermutigen und stärken.

Ich bedanke mich für jeden respektvollen kritischen Ausdruck, denn er lässt mich die Dinge auch aus anderen Blickwinkeln betrachten.

Ich danke den Menschen, die meinen Mut, mich der Beurteilung anderer auszusetzen, für ihre eigenen Bedürfnisse, Machtspiele und finanziellen Interessen zu nutzen suchten. Durch ihre Vorgehensweisen durfte ich lernen, wie man einfach weitermacht und bei dem bleibt, was einem positive Energie gibt.

Ich verneige mich vor allen Menschen, die Tieren in Not helfen, und fast noch mehr vor denen, die die Kraft haben, auch den Verursachern dieser Not einen neuen Weg zu zeigen.

Maike Maja Nowak

# Vorwort

*Man muss einen Ort nicht verlassen, um Neues zu entdecken – besonders wenn es dort Wesen und Dinge gibt, die man zu kennen meint.*

Alle Geschichten in diesem Buch sind wahr. Ich wählte sie nach einem ganz persönlichen Aspekt aus: Sie berühren mich.

Namen und Orte wandelte ich so ab, dass die Anonymität der Protagonisten gewahrt bleibt – es sei denn, die Inhalte sind in keiner Weise bedenklich und/oder es wurde mir ausdrücklich gestattet, sie zu beschreiben.

Heute geht es immer mehr um eine neue Lebensform mit Hunden, die ich Mensch-Hund-Kommunikation nennen möchte. Auf erlernte Reaktionen bei einem Hund zu verzichten, die lediglich durch Bestechung oder die Anwendung von Gewalt konditioniert wurden, und instinktiv mit seinen Instinkten umzugehen, bringt uns etwas sehr Wichtiges nahe – unsere eigene Natur.

Instinktiv *sein* zu dürfen, in einer Welt, die »kopfgemacht« ist, hat etwas von Nachhausekommen und von einer großen Freiheit.

So wie man einem Kind von Beginn an die Welt zeigt und nicht erst in einer künstlichen Parallelwelt für den »Ernstfall« trainiert, kann man auch einem Hund situativ mitteilen, wie er mit einer neuen Gegebenheit umgehen soll. Dafür muss man nur seine Art zu kommunizieren kennen und eigene Instinkte nutzen. Die Parallelwelt des Hundeplatzes darf sich dabei in eine Schule für Menschen wandeln, die diese Kommunikation erlernen wollen. Gelehrt werden dann Hundesprache, Neugier, Kompetenz und das Vertrauen in die eigene Wahrnehmung.

Viele Hunde werden nur als das behandelt, was unter dem Aspekt menschlicher Bedürfnisse in ihnen gesehen wird. Wer und was sie jedoch selbst sind – als einzelnes Hundeindividuum, als Angehörige einer bestimmten Hunderasse und als funktionales Rudelmitglied – bleibt dem Menschen häufig verborgen.

Oft führen sie, unerkannt in ihren angeborenen Fähigkeiten, in ihrer Form der Kommunikation und sozialen Struktur, ein ganz anderes Leben in unseren Wohnstuben und stützen einen Menschen, der die Unterstützung seiner eigenen Artgenossen verloren hat.

Hunde sind häufig nicht nur damit beschäftigt, ihr eigenes fehlendes Rudelgefüge auszugleichen, sondern auch damit, unsere emotionalen Defizite aufzufangen.

Jeder, der mit ihnen lebt, weiß, wie viel Hunde zu geben vermögen. Sie befrieden uns, machen uns glücklich, stimmen uns zärtlich, bringen uns in Kontakt mit anderen Menschen. Sie lassen uns lächeln, bewegen uns, bringen uns zum Staunen und lassen uns an uns selbst glauben.

Es ist an der Zeit, ihnen etwas davon zurückzugeben und sie dort zu entlasten, wo sie durch Verhaltensstörungen – die immer häufiger anzutreffen sind – eine deutliche Überlastung zeigen.

Hunde verdienen, im Wesentlichen mit uns leben zu dürfen, wie sie selbst miteinander leben: In einer sozialen Struktur aus Regeln, Grenzsetzungen, Zuneigung und Freiheit.

Ein Hund ist nicht dazu da, die Sehnsüchte, die unser eigener unangemessener Umgang miteinander hervorbringt, zu stillen. Wir schufen eine Menschenwelt, in der nicht nur Länder und Weltmächte gegeneinander Kriege führen, sondern jeder unzufriedene Privatmensch anonym, leise und ohne Blutvergießen seinen ganz persönlichen »Krieg« im Internet führen darf, oder, sich stark fühlend, mit anderen Anonymen »in den Krieg ziehen« kann. Die menschliche Sehnsucht nach Harmonie scheint inzwischen so groß, dass viele Hunde für eine künstliche Eintracht herhalten müssen, die mit Bestechung und Vermeidung von Regeln erreicht werden soll.

Nur weil wir untereinander unsere Grenzsetzungen gewalttätig missbrauchen, darf man sie einem Hund nicht vorenthalten. Hunde leben von Natur aus mit Regeln und angemessenen körperlichen Grenzsetzungen untereinander. Wir dürfen von ihnen lernen, wie so etwas auch ohne Gewalt funktioniert.

Das traurige Gegenteil der Menschen, die einen Hund ausschließlich mit Licht, Liebe und Bestechung erziehen wollen, ist die Tatsache, dass es noch immer Menschen gibt, die ihre eigene Ohnmacht im Leben in der Gewalt gegen und über ihren Hund loszuwerden suchen. Jeder aber, der über einen Hund nur Macht haben möchte, wird nur Macht haben, mehr nicht. Ein vertrauensvolles Miteinander wird er so nicht kennenlernen, obwohl ihm genau dieses Geschenk helfen könnte, sich selbst zu vertrauen und der Ohnmacht zu entkommen.

Auch in anderen Bereichen besteht Handlungsbedarf: Darf man aus Gründen des »Tierschutzes« frei lebende Hunde ihrer Freiheit berauben, die diese »Rettung« weder wollen noch ihrer bedürfen? Sollten sich nicht auch Tierschützer, die wie jede Personengruppe der Welt aus kompetenten und nicht kompetenten Menschen besteht, mitunter dafür verantworten müssen? Warum kann man auf der anderen Seite aufgrund unzureichender Gesetze nur ganz wenigen Tieren helfen, die unter unzumutbaren Verhältnissen in deutschen Haushalten leben, ohne sich strafbar zu machen?

Warum ist so wenig bekannt darüber, dass auch Hunde – ähnlich wie wir Menschen – Ängste, Süchte und Traumata zeigen, und warum gibt es bislang so wenig therapeutische Ansätze für sie?

Ich danke den Protagonisten meines Buches dafür, dass sie mir erlauben abzubilden, wie wir alle leben.

Maike Maja Nowak

# Rette sich, wer kann

## Eingeschneit

Die Reifen meines Geländewagens fräsen sich einen Weg durch den unberührten Schnee. Vor einer der kleineren Villen im Grunewald halte ich. Ich arbeite mich, bis zu den Knöcheln im Schnee versinkend, zum Tor der Villa vor. Während meine Hände nach der Klingel tasten, bleibt mein Blick an der Statue eines riesigen, würdevollen Hundes im Garten hängen, die fast im Weiß verschwunden ist.

Meine Finger finden den Klingelknopf. Kaum habe ich ihn berührt, ertönt schon der Summer. Ein wohl vor Kurzem freigeschippter und bereits fast wieder zugeschneiter Pfad führt zum Haus. Um die etwas weiter entfernte Hundestatue näher zu betrachten, beuge ich mich so weit nach vorn, wie es meine Balance zulässt. Der Ausdruck der Statue wirkt aus dieser Perspektive nicht mehr ruhig, sondern abweisend und seltsam verschlossen. Ich meine jedoch, ein lebendiges Glänzen in den Pupillen zu erkennen, und stelle mich hoch auf die Zehenspitzen, um mich noch weiter nach vorne beugen zu können. Im selben Moment rutsche ich aus und kippe vornüber in den Schnee.

Als ich mich hochrappeln will, spüre ich etwas Heißes über mir. Ich drehe mich um und blicke auf die Schnauze eines Hundes, der mir mit großer Gelassenheit seinen warmen Atem entgegenbläst. Er ist, soweit ich unter all dem Schnee erkennen kann, ein riesiger Herdenschutzhund. Obwohl seine Schnauze auf mich gerichtet ist, bleibt sein Blick abgewandt. Ich muss nicht zu der Statue schauen, um mich zu vergewissern, dass sie verschwunden ist.

Der Hund steht ruhig über mir und wartet. Im selben Moment höre ich, wie sich eine Tür öffnet. Ein Mann ruft: »Komme gleich, ich bekomme die Stiefel nicht an!«

Der Hund verharrt währenddessen weiter über mir und jeder, der schon einmal einen Herdenschutzhund im Einsatz erlebt hat, weiß, warum auch ich ruhig liegen bleibe. Aus meiner Perspektive sehe ich nur zwei Gummistiefel auf mich zukommen, in denen braune Cordhosen stecken.

Ich höre, wie ein Karabiner in das Halsband des Hundes klickt. Sein Kopf wird nach hinten gezogen. »Kommst du runter, aber dalli!« Der Mann reißt hart und ruckartig an der Leine. Die Lefzen des Hundes heben sich und sein Kopf wendet sich drohend in Richtung des Mannes.

»Würden Sie bitte ruhig bleiben«, sage ich, unter dem Hund hervorblickend. »Das ist gerade nicht ganz ungefährlich.«

»Aber der hört ja sonst nicht«, antwortet der Mann. »Den muss man immer erst anbrüllen. Das ist es ja.«

Ich kläre ihn nicht darüber auf, um wen ich Angst habe, und versuche es dieses Mal mit Nachdruck: »Es wäre gut, wenn Sie zurücktreten und den Hund ruhig rufen!«

Tatsächlich entfernen sich die Gummistiefel und kurz darauf höre ich den Mann etwas weniger zackig sagen: »Henry! Zurück da!« Der Hund dreht sich zu dem Mann um, in seinem Blick liegt ein Zögern. Das plötzliche Ablassen des Mannes scheint ihn zu überraschen. Er tritt gemächlich nach hinten und geht zur Seite weg. Ein kleiner, schlanker, weißhaariger Herr taucht in meinem Blickfeld auf und beugt sich über mich, um mir aufzuhelfen. Ich rappele mich hoch und klopfe mir den Schnee ab: »Das wäre eine tolle Schlagzeile geworden: Hundetrainerin von Hund im Schnee begraben. Es hätte mir jedoch geholfen, vorher zu wissen, dass er bereits im Garten ist und es sich um einen Herdenschutzhund handelt.«

Der alte Herr schaut mich mit großen Augen an: »Ein Herdenschutzhund? Uns wurde gesagt, es ist ein reinrassiger Mastin Español. Wir wollten nämlich was Reinrassiges.«

Nun werden meine Augen groß: »Aber das sind doch Herdenschutzhunde!«, sage ich und weise dabei auf den ungefähr achtzig Kilo schweren und etwa fünfundsiebzig Zentimeter hohen Hund. Er wirkt bullig und bärenstark. Sein Fell ist sandfarben, mit einer schwarzen Fellfärbung im Gesicht. »Ich staune, dass er mich nicht verwarnt hat, als ich hereinkam, und auch nicht aufstand, als ich Ihr Grundstück betreten habe«, füge ich hinzu. »Das ist sehr untypisch für diese Rasse.«

Der alte Herr hebt seine rechte Hand und antwortet mit einer wegwerfenden Bewegung: »Dieser Hund ist entweder total apathisch oder aggressiv. Irgendetwas in der Mitte haben wir bei ihm noch nicht erlebt.«

Ich blicke auf den Hund, der sich wieder in den Schnee gelegt hat und von uns wegsieht. Auf mich wirkt er weder apathisch noch aggressiv. Ich habe eher den Eindruck, dass er einfach nichts mit uns zu tun haben will.

»Wo bleibst du denn mit Frau Nowak?«, ruft in diesem Moment eine ältere Dame, die in der Haustür aufgetaucht ist. Sie ist klein und zierlich, und das Weiß ihrer Haare changiert ein wenig ins Lilafarbene.

»Guten Tag. Endlich. Jetzt wird hoffentlich alles gut«, – mit diesen Worten schüttelt sie mir überschwänglich mit beiden Händen die rechte Hand. »Bitte treten Sie ein.«

Sie geht voran und weist mir den Weg in das Wohnzimmer. Der Raum ist klein und wirkt mit seinen alten schweren Möbeln eng und dunkel. Nur die überall verteilten weißen Spitzendeckchen hellen die Atmosphäre etwas auf. Ich nehme in dem mir zugewiesenen Sessel Platz und versuche, die bisherigen Eindrücke zu verarbeiten: Ein desinteressiert wirkender Herdenschutzhund und zwei nette ältere Leute, die leider nicht wissen, was für einen Hund sie da haben …

»Sie sagten ja bereits am Telefon, dass Sie sich mit Henry überfordert fühlen«, leite ich das Gespräch ein.

»Ja«, ergreift der alte Herr sogleich das Wort.

»Wir haben ihn über den Tierschutz bekommen. Er saß in einem spanischen Tierheim, nachdem er gerettet wurde. Wir wohnen ja so schön hier am Grunewald im Hundeauslaufgebiet. Aber dieser Hund weiß das überhaupt nicht zu schätzen. Wenn er ohne Leine läuft, rennt er weg. Also läuft er an der Leine, aber wir können ihn gar nicht mehr halten, seit er nun plötzlich auf andere Hunde losgeht. Meine Frau und ich sind sehr enttäuscht von ihm. Wir hätten mehr Dankbarkeit erwartet.«

Der Mann stößt laut die Luft aus, als habe ihm diese Klage schon lange auf der Brust gelegen.

Ich frage, um das Gesagte für mich zu sortieren: »Weshalb wurde er denn von Tierschützern gerettet?«

»Na, weil er auf der Straße lebte«, erwidert der Mann mit großen Augen.

»War er denn in Gefahr?«, frage ich nach.

»Natürlich!« Empörung färbt plötzlich seine Stimme. »Schließlich kann der Hund ja überfahren werden oder Giftköder fressen, sagen die Tierschützer.«

Ich nicke und schweige, weil ich spüre, dass es besser ist, seinen Bericht erst einmal nicht weiter mit meinen Fragen zu stören. Er erzählt mir daraufhin Folgendes:

»Wir sind jetzt beide siebzig Jahre alt. Wir hatten immer Hunde, alle vom Züchter. Jetzt wollten wir einmal einem Hund, der noch kein gutes Leben hatte, ein schönes Heim bieten. Henry bekommt das beste Futter und hat ein schönes Hundesofa, auf dem er übrigens nicht schläft! Er kommt inzwischen gar nicht mehr ins Haus. Anfangs gingen wir mit ihm in den Grunewald, und er durfte dort auch frei laufen. Aber er rannte dann überallhin, und wir hatten mit unseren Rufen überhaupt keinen Einfluss auf ihn. Unsere anderen Hunde haben immer gehört. Henry bewegt nicht einmal die Ohren. Er ignoriert uns völlig. Also holten wir einen Hundetrainer. Der sagte uns, dass dieser Hund ein Dominanzproblem hat. Er versuchte, Henry auf den Rücken zu werfen, woraufhin Henry ihn in den Arm geschnappt hat. Es hat nicht geblutet, aber der Trainer hat das Training sofort beendet und gesagt, dass wir richtige Probleme mit so einem Hund bekommen werden. Zu der Zeit hat sich Henry aber noch mit allen Hunden verstanden, er war bei einer Begegnung die Ruhe selbst. Wir beschäftigten dann sofort einen neuen Trainer, und der arbeitete mit einem Vibrationshalsband. Damit sollte Henry lernen zurückzukommen, wenn wir ihn rufen. Da wir ja aus der Distanz keinen Einfluss haben, sollte das Halsband ihn bestrafen, wenn er nicht kommt.«

»Ich wollte das nicht«, unterbricht die alte Dame ihren Mann. »So etwas macht man doch nicht mit einem Hund, hab ich ihm gesagt. Mit Fernbedienung.« Sie schüttelt den Kopf.

»Ach Hermine, lass mich doch erzählen. Das haben wir doch schon so oft besprochen. Schlimm ist so eine Vibration nicht. Aber bewirkt hat das Ganze sowieso das Gegenteil. Gleich beim ersten Training begann Henry auf Hunde loszugehen. Wir konnten danach nur noch mit der Leine mit ihm laufen. Er zieht aber so schlimm daran.« Der Mann hebt beide Arme und die Schultern. »Meine Frau und ich bekamen wirklich Schmerzen davon. Wenn Henry einen Hund sieht, können wir ihn gar nicht mehr halten. Deshalb können wir auch nicht mehr mit ihm spazieren gehen. Er ist jetzt nur noch im Garten. Wir wissen nicht, warum er plötzlich so ist, denn laut Aussage der Tierschützer führte er in Spanien auf der Straße lange Zeit ein ganzes Hunderudel.«

Das Ehepaar blickt mich nach diesem Bericht erwartungsvoll an. Ich habe Mühe, mir nicht die Augen zu reiben vor Unglauben. Ein erwachsener Leithund, der mit seinem Rudel frei lebte, gewohnt, Entscheidungen zu treffen, für eine ganze Gruppe zu sorgen, wird von Tierschützern prophylaktisch »gerettet«. Für ein Leben in einem winzigen Gartengefängnis in Berlin-Grunewald. Langsam bekomme ich ein Gefühl für die Teilnahmslosigkeit, die von dem Hund ausging, als ich den Garten betrat. Vielleicht gibt es für ihn hier einfach nichts zu beschützen. Außer seiner eigenen inneren Welt.

Ich schlucke meine aufsteigende Fassungslosigkeit über die Situation des Hundes hinunter. Ich spüre, dass das Ehepaar und ich in unseren Auffassungen über den Hund noch an ganz verschiedenen Haltestellen stehen und ich mich zuerst auf sie zubewegen muss, um ihnen auch meinen Eindruck nahebringen zu können.

»Möchten Sie den Hund denn behalten?«, frage ich.

»Natürlich. Er gehört ja uns«, platzt es ungehalten aus dem Mann heraus. »Er hat dreihundertfünfzig Euro gekostet, plus die Trainerkosten und den Tierarzt. Zusammen ist das mehr als ein Hund vom Züchter.« Er hebt bedeutungsvoll die Augenbrauen.

»Wie sah das Training mit dem Vibrationshalsband denn aus?«, frage ich weiter.

»Das kann ich Ihnen zeigen, wir haben das schon für Sie vorbereitet.« Der Mann springt auf, geht zu einem DVD-Player und legt eine Disc ein: »Wir haben das Training mit dem Trainer gefilmt, damit wir danach alles richtig machen.«

»Wir haben es aber gar nicht mehr benutzt. Wirklich, musst du das jetzt zeigen!«, fügt die alte Dame auffällig hastig hinzu.

Der Film startet. Grunewald. Seekulisse. Ein ungefähr vierzigjähriger, großer Mann hält den Hund rechts an einer kurzen, straffen Leine. In der linken Hand hält er die Fernbedienung des Vibrationshalsbandes, das der Hund trägt. Einige frei laufende Hunde kommen den beiden entgegen.

Der Mastin Español wedelt ihnen mit sehr weichen Bewegungen seines aufgerichteten, buschigen Schwanzes eine Begrüßung zu. Er beginnt zu ziehen, um mit der vorgestreckten Nase ihren Geruch besser aufnehmen zu können. Seine Körperhaltung ist aufgerichtet, ohne steif zu sein. Er zeigt die typische Haltung eines souveränen Leithundes, der eine natürliche Dominanz ausdrückt, die ganz frei ist von Aggression.

In diesem Moment ruft der Trainer: »Wenn er zieht, sofort ›pfui‹ rufen und drücken!« Zeitgleich bedient er die Fernbedienung.

Der Hund schreit auf, springt ruckartig in die Höhe und zur Seite weg. Mir wird aus mehreren Gründen ganz kalt. Einer davon ist, dass ein Vibrationshalsband eine solche Wirkung nicht hervorrufen kann.

Der Hund zieht nun nicht nur nach vorn, sondern auch seitlich vom Trainer weg, um der Situation zu entkommen. Immer wieder drückt dieser deshalb die Fernbedienung, und Henry zuckt aufschreiend zusammen. Seine Augen sind aufgerissen, und er sieht fassungslos zu dem Gesicht des Mannes auf, der den Blick starr nach vorn gerichtet hält.

Als jetzt ein neuer Hund auftaucht, senkt sich der Schwanz des Herdenschutzhundes bereits. Mit angelegten Ohren scheint er auf die Bestrafung zu warten, die ihn immer dann ereilt, wenn ein anderer Hund in Sicht kommt und er sich diesem zuwenden will. Auch das Verhalten der ihm entgegenkommenden Hunde hat sich schnell verändert. Während sie anfangs noch ruhig an Henry vorbeigelaufen waren oder sich ihm langsam und respektvoll näherten, reagieren die meisten Hunde jetzt unsicher und nervös auf den riesigen, angespannten Hund. Einige beginnen zu bellen, andere beschleunigen ihren Gang, um rasch an dem Rüden vorbeizukommen, der verdächtig steif läuft und ab und zu aufschreit, wenn ein neuer Stromschlag ihn trifft.

Zwei Spaziergänger starren auf das Schauspiel. Eine Frau ruft empört: »Was machen Sie denn da? Hören Sie gefälligst auf damit!« Der Trainer ignoriert ihre Aufforderung und wendet seinen Blick nicht vom Weg ab. Aus dem Off ertönt die Stimme der alten Frau: »Sie können das nicht verstehen, er hat gerade Training.« Die empörte Hundebesitzerin tippt sich mit dem Zeigefinger an den Kopf, und man sieht, dass sie gern etwas tun würde, aber nicht weiß, was. Dann verschwindet sie aus dem Bild.

Der Herdenschutzhund bleibt plötzlich heftig atmend stehen und blickt den Trainer mit einer eindeutig ernst gemeinten Drohung an. Der Trainer zerrt ihn an der Leine weiter. Henry sperrt sich und warnt mit seinem Blick ein letztes Mal. Der Mann ignoriert auch diese Möglichkeit, sein Tun zu beenden und will weitergehen. Daraufhin schnappt ihn der Hund mit einem Warnbiss in den Arm.

Das Gesicht des Mannes färbt sich weiß. Es hat den Ausdruck äußerster Wut angenommen, die in großem Gegensatz zur Ruhe und dem der Situation immer noch angemessenen Verhalten des Hundes steht.

Den Warnbiss quittiert er mit einem dreimaligen Drücken auf die Fernbedienung. In Henrys Schreie mischt sich nun ein dunkler gefährlicher Ton. Beim nächsten entgegenkommenden Hund geht er trotz Halsbandbestrafung nach vorn und bellt tief. Drei Hunde später, während derer sich Henry immer aufgebrachter gebärdet, gibt der Trainer auf:

»Ich würde ihn einschläfern lassen. Der ist eine Waffe auf vier Beinen, die Sie niemals kontrollieren können«, ruft er mit noch immer zornweißem Gesicht.

»Sie können ausmachen, bitte«, bringe ich leise hervor. Gern würde ich mich auf den lachsfarbenen Hochflorteppich übergeben, um meine Gefühle zum Ausdruck zu bringen, aber um mich geht es hier nicht. Ich versuche mich darauf zu konzentrieren, wie ich dem Hund helfen könnte, um der Situation zu entkommen.

»Können Sie mir bitte das Halsband zeigen?«

Die alte Dame erhebt sich und kramt in einem Fach in der Schrankwand. »Hier ist es, aber wir nehmen es nicht mehr, weil es ja nur alles schlimmer gemacht hat«, erklärt sie beschwichtigend. Ich halte das Ding in den Händen und sehe wie erwartet Elektroden, die aus der kleinen Box am Halsband schauen und am Hals ihre Wirkung tun.

»Sie wissen, dass dies kein Vibrationshalsband, sondern ein Elektrohalsband ist, aus dem Elektroschocks gesendet werden, und dass es auf Stufe 15 eingestellt ist, also auf die stärkste Stufe, die es überhaupt gibt?« Die beiden älteren Herrschaften blicken betroffen auf das Halsband. Sie wirken jedoch nicht wirklich überrascht. Eher unangenehm berührt von einer Tatsache, die sie vielleicht selbst vermuteten oder von der sie wussten.

»Darf ich einem von Ihnen einmal das Halsband ans Handgelenk machen?« Beide lehnen sich erschrocken zurück.

»Ein solches Mittel zu verwenden bedeutet, das Vertrauen eines Hundes zu verspielen. Wie soll ein Wesen Ihnen vertrauen, wenn Sie ihm solche Schmerzen zufügen?

Und noch dazu in einem Moment, in dem er etwas ganz Normales tut. Ich habe hier einen Hund gesehen, der sich für andere Hunde interessierte. Da ihn die Leine und ein wildfremder Mensch daran hinderten, zu den Hunden Kontakt aufzunehmen, hat er gezogen, um dorthin zu kommen. Dafür wurde er bestraft.

Stellen Sie sich vor, Sie würden einen Waldweg entlanggehen. Plötzlich kommt Ihnen ein Mensch entgegen. Sie wollen einen Blick auf ihn werfen, um festzustellen, was er für Absichten signalisiert. Sie lächeln, um Ihre eigene friedvolle Haltung auszudrücken, und in genau diesem Moment bekommen Sie einen elektrischen Schlag. Sie erschrecken sehr, glauben aber vielleicht noch an einen Zufall. Dann kommt der nächste Spaziergänger Ihnen entgegen, und Sie erhalten den nächsten Schlag. Wie viele Menschen bräuchte es, bis Sie Menschen fürchten, die Ihren Weg kreuzen? So ist es Henry ergangen.«

Die alte Dame blickt mich mit schreckgeweiteten Augen an: »Aber das muss der Trainer doch gewusst haben?«

Ich hebe die Achseln.

»Ja, aber er hat gesagt, dass es bei der Größe von Henry nicht anders geht«, protestiert der Mann.

Schweigen. Der Mann verschränkt die Arme vor der Brust. Die Frau wischt sich nervös mit der rechten über die linke Hand.

»Durch den Schmerz, der Henry immer dann zugefügt wurde, wenn ein anderer Hund auftauchte, wurde der andere Hund in Henrys Vorstellung offenbar zum Auslöser dieses Schmerzes gemacht. Verständlich, dass er diesen Auslöser nicht mehr in seiner Nähe haben wollte und ihn nun inzwischen mit Drohgebärden von sich fernzuhalten sucht.«

Der Mann lehnt sich weit zurück, und seine ganze Körperhaltung drückt Distanz zu meiner Zusammenfassung aus. Die Frau wirkt unentschieden. Sie scheint meiner Wahrnehmung folgen zu können, sie aber nicht zulassen zu wollen oder zu können.

»Sie sind nicht schuld, dass dies geschehen ist«, sage ich und versuche damit, die Situation zu entspannen. »Sie haben sich Hilfe geholt und sich darauf verlassen, dass sie gut ist. Sie wollten ja etwas positiv verändern und konnten nicht wissen, was passiert.« Das Ehepaar atmet synchron aus. Die Stimmung hellt sich auf.

»Lassen Sie uns doch schauen, wie es weitergehen kann«, schlage ich vor. Der Mann löst die verschränkten Arme und nickt. Die Frau beugt sich nach vorn.

»Ja, so kann es nicht weitergehen«, bestätigt der Mann. »Schließlich wollten wir keinen Hund, der abgesondert im Garten lebt. Wir haben ja alles versucht.«

»In Ihrem Sinne schon. Aber im Sinne des Hundes könnten Sie erst etwas tun, wenn Sie sein Wesen akzeptieren und wertschätzen.«

»Wieso denn wertschätzen?«, fragt der Mann jetzt ungehalten. »Ein Hund hat zu hören! Ich kann doch nicht wertschätzen, dass er so einen sturen Kopf hat und knurrt, wenn man ihm sein Halsband ummachen will.«

»Ich meine damit, dass Sie anerkennen, wie dieser Hund vorher lebte, als Leithund, mit einer Gruppe, frei. Er hat offenbar noch niemals Entscheidungen von Menschen akzeptieren müssen. Wenn Sie den Plan haben, ihn zu behalten, müssten Sie die mentale Kraft dieses Hundes verstehen und anerkennen und viel über Führung lernen. Die Führung eines Leithundes ist natürlich eine besondere Herausforderung, denn führen Sie einmal einen Führer. Hier ist viel Kooperation gefragt.«

Der Mann beginnt unruhig hin und her zu rutschen. Die Frau atmet laut hörbar ein und wieder aus.

»Aber führen kann doch nur der Mensch«, äußert der Mann sein Unverständnis.

»Ich könnte Ihnen einmal mit Henry zeigen, was ich meine«, schlage ich vor.

»Bitte.« Der Mann klingt verstimmt.

Ich erhebe mich: »Gut, dann gehe ich zuerst einmal allein hinaus, ohne Sie, ja?«

Das Ehepaar wirkt fast erleichtert über meinen Aufbruch.

»Sie können aber gern am Fenster zusehen«, verabschiede ich mich nach draußen.

Im Garten liegt der Hund noch immer bewegungslos im Schnee. Ich lehne mich ein paar Meter entfernt mit dem Rücken zu ihm an einen Baum. Ich möchte ihm signalisieren, dass ich seinen Distanzwunsch respektiere. Nach ein paar Minuten beginne ich umherzuschlendern und sehe aus den Augenwinkeln heraus, wie seine Nase sich schnüffelnd in meine Richtung bewegt. Etwas später höre ich Schritte im Schnee, dann taucht sein riesiger Hundekopf neben mir auf. Seine Nase bewegt sich gelassen an meinen Hosenbeinen auf und ab, und er nimmt ruhig die Gerüche auf, die ich an mir trage. Durch meine zahlreichen Kontakte mit Hunden rieche ich sicher wie »Tausendundeine Hundenacht«. Ich gebe ihm Zeit, mich kennenzulernen, und gehe dann wieder von ihm weg. Es ist eine sehr entspannte Stimmung zwischen uns.

Ich beginne, Hirschwurst in die Rinde eines Baumes zu schieben, und lade ihn freundlich ein, sich das Ganze mit der Nase »anzusehen«. Ich zeige auf die betreffende Stelle und blicke ihn kurz an. Dieser Hinweis reicht für einen Hund, um ihn zu verstehen. Während ich zum nächsten Baum weitergehe, nähert Henry sich der von mir angezeigten Stelle. Seine Nase ist dabei hoch in die Luft gereckt. Die Köstlichkeit von meinem Frohnauer Hundefleischer scheint Wirkung zu zeigen. Hätte der Hund darauf nicht angesprochen, hätte ich mir etwas anderes einfallen lassen. Ich plane meine Aktionen nicht vorher, sondern handle rein instinktiv und richte mich ausschließlich nach der Situation sowie dem Verhalten und Wesen des jeweiligen Hundes.

Henry leckt mit der Zunge das Wurststückchen aus der Rinde. Ich gehe währenddessen weiter zum nächsten Baum. Die Bewegungen des Hundes werden schneller und fließender. Man spürt, dass ihm die Sache Spaß zu machen beginnt. Daraufhin verstecke ich die Wurst in einer kleinen Mulde etwas höher im Baum und bleibe daneben stehen, als Henry sich nähert. Erst zögert er, entschließt sich aber dann, meine Nähe in Kauf zu nehmen und nach dem verborgenen Schatz zu suchen. Den nächsten Baum erreichen wir bereits zusammen. Nach mehreren gemeinsamen Aktionen drehe ich mich ganz leicht zu ihm ein und überrasche ihn mit einer neuen Wendung: »Sssst.«

Ich bewege meine Schulter dabei leicht auf ihn zu, um seine Vorwärtsbewegung abzubremsen. Er bleibt sofort stehen und scheint überrascht. Ich nehme sofort den Druck heraus und entferne mich weiter zu einem Baum. Henry bleibt abwartend an der Stelle, an der ich ihn ausbremste. Ich verstecke die Wurst und rufe: »Okay, schnapp es dir, Junge.«

In Henrys Augen scheint plötzlich eine Tür aufzuspringen. Ein angedeutetes Grinsen bricht daraus hervor. Er holt sich das Futter, setzt sich neben mich und blickt mich mit sanften dunklen Augen an. Von diesem Moment an weiß ich, dass dieser Hund alles kann. Auch, sich in einem ganz neuen Leben zurechtzufinden. Wenn das Leben zu ihm passt.

Ich blicke zu dem Ehepaar auf seinem Beobachtungsposten hinter der Fensterscheibe und winke den beiden alten Leuten auffordernd zu. Ihre Köpfe verschwinden. Henry hat noch viel Zeit, Wurststücke zu suchen, ehe die Haustür sich öffnet – eine winterliche Vermummungsaktion braucht ihre Zeit.

»Ja, aber mit Leckerlis locken, das können wir auch«, ruft der Mann, als er den Garten betritt.

»Also Kurt! Ich fand es sehr schön, dass Henry mal mitgemacht hat. Das hat er doch noch nie gemacht!«, beschwichtigt seine Frau.

Henry legt die Ohren nach hinten. Es wirkt, als wolle er sie vor der Lautstärke des Ehepaares verschließen.

»Quatsch, wir haben es nur noch nie so probiert. Sicher nimmt er es einfach nicht aus der Hand, sondern man muss es irgendwo hinlegen.« Die Stimme des Mannes wird energischer. Ich kann nicht anders, als Henry ein Stück Wurst hinzuhalten. Er nimmt es sehr sanft aus meiner Hand.

»Siehst du, er hat es auch aus der Hand genommen!«, ruft die Frau aufgeregt. Beide haben uns erreicht.

»Geben Sie mir mal was her«, verlangt der alte Herr forsch. Als er auf mich zutritt, weicht Henry einen Schritt zurück.

»Bitte.« Ich reiche einige Wurststückchen in die Lederhandschuhhand, die sich mir entgegenstreckt.

Der Mann beugt sich nach vorn und nimmt den Hund ins Visier. »Henry! Hierher!« Henry gähnt ruckartig und in einem sehr tiefen leisen Ton. Dann entfernt er sich langsam und mit hängendem Kopf. Der Mann öffnet den Mund, ohne dass dieses Mal ein Laut herauskäme.

»Aber warum findet er das denn jetzt plötzlich langweilig? Er hat das doch gern gefressen«, wundert sich die Frau.

»Er langweilt sich nicht. Das Gähnen ist ein Versuch, Stress abzubauen. Ich habe Henry ja eben ein wenig kennenlernen dürfen. Sie haben einen Hund, der weder Lautstärke noch Druck mag. Die gute Nachricht dabei ist, Sie dürfen mit ihm ganz leise sein. Wollen Sie es einmal probieren?«, frage ich, an die Frau gewandt.

»Ich? Um die Erziehung hat sich bisher mein Mann gekümmert. Ich habe auch etwas Angst vor Henry. Er hat mich schon angeknurrt, wenn ich ihm das Halsband ummachen wollte.«

Ich strecke ihr eine Hand mit Wurst hin: »Sie können Ihre Chance nutzen, die Angst loszuwerden. Dieser Hund ist ganz und gar nicht aggressiv. Er verbittet es sich nur, wenn jemand ihm etwas aufzwingt, was er nicht möchte. Und auch das tut er angemessen. Wenn er Sie hätte beißen wollen, hätte er es getan und nicht nur geknurrt; wenn er den Trainer hätte verletzen wollen, hätte er es trotz Elektroschock getan und nicht nur einen Warnschnapper abgegeben. Er ist ein ruhiger Leithund. Mit so einem Hund müssen Sie kooperieren lernen, nicht kämpfen. Den Kampf würden Sie immer nur verlieren. Und der Hund würde auch etwas verlieren. Nämlich sein freundliches Wesen. Sie würden ihn dazu zwingen.«

»Wir zwingen den doch nicht zu beißen«, sagt der Mann, nach Luft schnappend.

»Lass doch die Frau Nowak mal zu Ende reden, Kurt. Ich finde das sehr interessant«, erwidert die alte Dame und widerspricht damit zum ersten Mal ihrem Mann.

»In diesem direkten Sinne zwingen Sie ihn natürlich nicht«, gebe ich ihm Recht. »Sie können einen Hund jedoch nicht führen, wenn Sie ärgerlich und ungehalten mit ihm umgehen. Das legt er Ihnen als Schwäche aus. Er selbst«, ich weise auf Henry, der wieder zur Schneestatue erstarrt ist, »verliert seine Stärke nicht und bleibt ruhig, auch wenn Sie ihn anschreien. Man kann viel von diesem Hund über Führung lernen.«

»Also jetzt passen Sie mal auf. Wir haben Sie nicht geholt, damit wir was von ihm lernen.« Der alte Herr betont das »wir« und das »ihm« auf sehr nachdrückliche Weise.

Die alte Dame verschwindet hinter seinem Rücken, verdreht von ihrem Mann ungesehen die Augen und bewegt beide Hände in kurzen Stößen nach unten. Was heißen könnte: »Nehmen Sie es nicht krumm, aber Kritik verträgt er gar nicht, besser Sie hören damit auf.«

»Ich habe immer Hunde gehabt, und ich habe eine Firma geleitet. Verstehen Sie? Ich muss nichts lernen. Er muss das tun.« Das Gesicht des Mannes ist jetzt zornesrot, als er mit dem Zeigefinger auf den Hund weist.

»Dann kann ich Sie nur bitten, Henry die Chance zu geben, bei anderen Menschen zu leben, die ihn so wollen, wie er ist. Sie könnten dafür einen Hund finden, der besser zu Ihnen passt und Ihre Erwartungen erfüllt. Dieser hier wird das nicht tun. Niemals«, sage ich sehr ruhig und sehe dem Mann dabei in die Augen.

Die Frau hinter seinem Rücken hält sich wohl in Erwartung eines Donnerwetters die Hand vor den Mund. Trotz seines Ärgers scheint dem Mann plötzlich dennoch der Ernst der Lage aufzugehen. Er kratzt sich mit der Lederhandschuhhand am Kopf.

»Aber ich habe schon viel investiert in den Hund. Wer zahlt mir das?«, sagt er und wagt sich damit einen vorsichtigen Schritt in die von mir vorgeschlagene Richtung.

»Niemand«, gebe ich zu. »Und der neue Hund würde ja auch wieder kosten«, gibt er weiter zu bedenken.

Ich hebe die Achseln.

»Kurt, schau mal. Es wäre doch gut, wenn wir nicht mehr so große Sorgen mit dem Hund hätten. Schließlich wollten wir doch wirklich einen, der so mit uns lebt wie die anderen vorher. Die Hunde aus dem Tierschutz sind eben eigen, da lässt man lieber die Hände von. Immerhin haben wir ihn gerettet, nicht?« Sie sucht Zustimmung in meinem Gesicht.

Ich spüre etwas in mir aufsteigen, dem ich nur sehr schwer eine sachliche sprachliche Form geben kann. Ich versuche es dennoch: »Stellen Sie sich vor, Sie gehen mit Ihrem Mann spazieren.« Ich weise dabei in Richtung Straße. »Sie tun das schon Ihr ganzes Leben mit Freude und natürlich selbstständig. Plötzlich landet ein Ufo, und Ihr Mann wird hineingezerrt und entführt. Sie bleiben allein zurück.

Ihrem Mann wird mitgeteilt, dass er nun in Sicherheit sei, weil man ihn gerettet habe. Es könne ihn schließlich ein Auto überfahren oder ihm ein anderes Unbill zustoßen. Die fremden Wesen sind sehr freundlich, weil sie es bedauern, dass er so viel erleiden musste. Schließlich musste er eine Firma leiten, Menschen führen, Entscheidungen treffen. Jetzt soll er in einem speziellen Haus Schutz finden. Darin wird er zwar gefangen gehalten, jedoch gut versorgt. Die Wesen entscheiden, wann Ihr Mann was tun darf. Sie sind dabei sehr laut und aufgeregt und probieren viele verschiedene Dinge mit ihm aus. Ihr Mann spürt instinktiv, dass sie ihn nicht verstehen können und keine Ahnung haben, was er wirklich braucht und möchte. Sie verlangen Dinge von ihm, die seiner Kultur völlig fremd sind. So soll er zum Beispiel auf einem Bein hüpfen, wenn er auf einen anderen entführten Menschen trifft, weil die Wesen eine solche Begrüßung als passend empfinden. Sie hüpfen selbst so herum. Gibt Ihr Mann einem anderen entführten Menschen aber in Menschenart die Hand, wird er hart bestraft, weil die Wesen einen Händedruck als Ausdruck von Aggression empfinden.

Ich könnte diese Geschichte jetzt noch lange so weiterspinnen, aber wie mir scheint, haben Sie mich auch so schon verstanden.«

Beide starren mich entgeistert an.

»Sie haben es ganz sicher gut gemeint, und Sie haben Henry nicht entführt, sondern die entsprechende Tierschutzorganisation. Ich möchte nur, dass Sie verstehen, was für einen Hund man Ihnen da gegeben hat und was die Situation für ihn bedeutet.«

Das Paar blickt synchron auf den Hund. Der Mann greift

sich in den Nacken und scheint zu überlegen. Die Frau blickt auf ihren Mann. »Und wie werden wir den Braten jetzt wieder los?«, ringt sich der Mann in einem halb scherzhaften Tonfall ab.

»Ich würde jetzt gern erst einmal bei den Tierschützern anrufen, die ihn hergeholt haben. Sicher steht ja in Ihrem Vertrag, dass Sie ihn nicht einfach so abgeben dürfen?« Die Frau nickt und gibt mir die Wurststückchen wieder, die sie die ganze Zeit über in der Hand gehalten hat, für eine Übung, die nun nicht mehr stattfinden wird.

»Ja, der Henry ist ein Riesenkerl. Er lag mit seinem Rudel in Spanien immer an einem bestimmten Platz, wenn er nicht mit ihnen umherzog«, sprudelt es am Telefon aus einer fröhlichen Tierschützerin heraus. »Die Anwohner kannten ihn schon lange, er muss also schon älter sein. Dann wurde ein junger Hund aus dem Rudel überfahren, und da haben wir die ganze Gruppe gerettet.«

»Ich verstehe«, antworte ich. »Aber warum gingen Sie davon aus, dass auch Henry überfahren wird, wenn er doch schon so viele Jahre auf der Straße überlebt hat?«, frage ich weiter.

Stille.

»Na, das ist jetzt aber eine doofe Frage. Das kann doch jederzeit passieren.«

Ich kann die Frau empört durch die Leitung atmen hören.

»Ich finde die Frage gar nicht so doof«, entgegne ich in verbindlichem Tonfall. »Wenn ein Mensch überfahren wird, entführt man doch auch nicht alle, die um ihn herumstanden, um sie vor dem künftigen Unfalltod zu bewahren.«

Stille. Hörbares Ein- und Ausatmen.

»Das kann man ja wohl nicht vergleichen. Die Hunde auf der Straße brauchen die Hilfe des Menschen. Sie sind ja nicht unabhängig von uns. Deshalb helfen wir.«

»Damit Sie mich nicht missverstehen: Ich habe selbst vier Hunde aus dem deutschen Tierschutz, die aus anderen Ländern kommen, weil sie dort nicht überlebt hätten. Meine Hunde waren schwer krank, traumatisiert oder wie im Falle meines letzten Hundes nicht vermittelbar. Die Mitglieder dieser Tierschutzorganisationen sind für mich die wunderbarsten Paten meiner Hunde, und ich habe bis heute mit ihnen den herzlichsten Kontakt. Ich möchte nur anregen, dass Tierschützer mehr darüber nachdenken, welcher Hund Hilfe braucht und für welchen Hund dies einfach eine Freiheitsberaubung darstellt, für die er auch noch dankbar sein soll. Die häufig verbreitete Idee, dass ein Straßenhund es automatisch in der Wohnung eines Menschen besser hätte, zeigt doch, wie weit weg wir uns von der Natur entfernt haben. Nur weil Straßenhunde sich in unserer Nähe aufhalten und eine Zweckgemeinschaft mit uns eingehen, geht es ihnen doch nicht automatisch schlecht ohne unsere Nähe und unsere überheizten Wohnstuben. Ich bin mit mehreren engagierten Tierschützern und Tierheimen eng befreundet und kenne und schätze deren anspruchsvolle und wertvolle Arbeit. Es gibt für Straßenhunde wie Henry erfolgreiche Kastrationsprogramme, die dem Hund ermöglichen, in seiner gewohnten Lebensform zu bleiben, ohne immer neue Straßenhunde hervorzubringen. In seinem Falle finde ich aber nicht nur die Entscheidung zu seiner Entführung bedenklich, sondern auch, wohin Sie ihn vermittelt haben.«

»Na, Sie haben ja komische Ansichten! Sie haben doch keine Ahnung«, wirft die Frau ein. »Wissen Sie, was wir hier alles zu tun haben, da können wir nicht jedem Einzelfall bis ins Kleinste nachgehen, da würden wir gar nichts schaffen. Und das Ehepaar S. aus dem Grunewald kann Henry das Paradies bieten. Haus! Garten! Wald!«

»Das Paradies hat sich aber sehr schnell auf den Garten reduziert, weil der Hund nicht mehr ins Haus kommt und in den Wald nicht darf«, merke ich an. »Und Henry ist kein Hund für einen Garten. Er braucht eine neue Aufgabe und viel Freiraum um sich herum. Es wäre sehr hilfreich für ihn, wenn wir ein neues Zuhause für ihn finden könnten. Die Familie S. ist dazu bereit. Wollen wir nicht für ihn an einem Strang ziehen?«, frage ich bittend.

Stille.

»Ich wüsste aber nicht, wohin«, kommt es schließlich zögerlich zurück.

»Ich habe eine Idee, aber ich wollte mich vorher erst Ihrer Kooperationsbereitschaft versichern, für die ich sehr dankbar bin. Ich war vor zwei Wochen bei einer Hündin auf einem Reiterhof. Seit ihr Gefährte vor drei Monaten verstorben ist, hat sie begonnen, die Pferde zu verbellen und andere Unsicherheiten zu entwickeln. Der Rüde hat sie ganz offenbar geführt, und nun müsste die Frau, der die Hündin gehört, die Führung übernehmen. Sie kann das auch, aber ich finde, Henry würde dort großartig hinpassen. Ich würde gleich anrufen und nachfragen, wenn ich darf.«

»Na gut, probieren Sie's«, sagt die Tierschützerin einlenkend.

Zwei Monate später besuche ich Henry in seinem neuen

Zuhause. Weil sich trotz Verabredung niemand auf mein Klingelzeichen hin meldet, betrete ich den offenen Hof. Zwei Hunde kommen bellend auf mich zu. Eine leichtfüßige Dalmatiner-Hündin und ein schwerfälliger Henry, der beim Laufen wie ein Matrose von der einen auf die andere Seite schwankt. Er legt sich mächtig ins Zeug, um dem Eindringling klarzumachen, wer hier aufpasst. Kurz vor mir stoppt er, hebt die Nase und verstummt. »Hej, das ist ja die mit der Wurst«, könnte sein Blick sagen, denn er schaut mich nun erwartungsvoll an. Auch die Hündin hört auf zu bellen und beobachtet mich aufmerksam. »Junge, da hast du es aber gut getroffen«, sage ich mit Blick auf das riesige Anwesen und die Hündin.

Henry hebt noch einmal die Nase, wie um sicherzugehen, dass ich heute keine Wurst dabeihabe, und dreht dann gemächlich ab. Er geht auf die andere Seite des unverschlossenen Hofes, um sich mit seiner neuen Gefährtin in die Sonne zu legen.

# Die Zwangsjacke

»Guten Tag. Hier ist das Büro von Herrn B. Ich bin seine Sekretärin und möchte einen Termin mit Ihnen vereinbaren. Geht es am Freitag, 14.30 Uhr?« Eine Frauenstimme, die von großer Eile in die Höhe getrieben scheint, ist am Telefon.

»Um was geht es denn? Und woher haben Sie meine Nummer?«, frage ich erstaunt und unterlasse es, sie an mein eigenes Büro zu verweisen.

»Von einem Geschäftspartner, der mit seinem Hund bei Ihnen war. Es geht darum, dass Tobi jetzt beißt und das nicht tragbar ist.«

»Ist Tobi der Hund von Herrn B.?«, frage ich.

»Ja, natürlich.« Die Stimme wird etwas spitzer ob meiner Begriffsstutzigkeit, die das Gespräch offenbar unnötig in die Länge zieht.

»In welchen Situationen beißt er denn?«, frage ich dennoch nach.

»Das wird Ihnen Herr B. selbst erzählen. Am Freitag, 14.30 Uhr? Ich nenne Ihnen jetzt einmal die Adresse, an der Sie erwartet werden.«

»Auch wenn es Ihren Zeitplan durcheinanderbringt, aber ich habe erst in ein paar Wochen einen Termin frei«, entgegne ich.

»Wie, in ein paar Wochen? Herr B. braucht jetzt Hilfe. Er zahlt auch einen Eilzuschlag, wenn das nötig ist, das ist überhaupt kein Problem!«, sagt die Frauenstimme nun ungehalten.

»Es geht nicht um die Bezahlung, sondern um meine Zeit«, versuche ich es erneut.

»Aber das ist ein Notfall!!!« Die Frauenstimme wird lauter, damit ich die Dringlichkeit ihres Anliegens endlich begreife.

»Das verstehe ich, denn ich habe es nur mit Notfällen zu tun«, sage ich, ohne ironisch klingen zu wollen. »Vielleicht wenden Sie sich an eine andere Hundeschule, die sofort helfen kann?«, schlage ich vor.

»Also hören Sie, wir nehmen doch nicht jeden Wald- und Wiesentrainer. Das ist aber sehr kompliziert mit Ihnen«, empört sich die Frau.

Ich erspare mir den Verweis darauf, dass es in Berlin noch mehr gute Trainer gibt, weil ich das Gefühl habe, dass es gar nicht darum geht. Stattdessen sage ich: »Da wir uns nicht einigen können, schlage ich vor, das Gespräch zu beenden.«

»Bitte?!« Sie schweigt einen kurzen Moment. »Tja, dann haben Sie das Prinzip des Geldverdienens wohl noch nicht verstanden«, erwidert sie dann – das Fazit ihrer Meinung über mich. »Herr B. hätte Sie viel besser bezahlt als die anderen Leute, die Sie offenbar vorziehen.«

»Auf Wiederhören«, sage ich und lege auf.

Drei Tage später klingelt das Telefon.

»Tag, Frau Nowak«, sagt ein tiefer Bass. »Da gab es wohl Missverständnisse mit meiner Sekretärin. Sie ist manchmal etwas übereifrig, weil sie es gut meint mit mir. Wann hätten Sie denn Zeit?«

Überrascht suche ich in meinem Kalender nach einem Termin.

Ein paar Wochen später fahre ich an einen Ort, den ich

von einigen Spaziergängen mit meinem Hund Viktor kenne. Zu Fuß wanderten wir damals von der S-Bahn in den Wald, vorbei an der Uferseite eines Sees, der auf der anderen Seite für Spaziergänger gesperrt ist. Riesige Villen beherbergen dort ein privat gehaltenes Leben auf 10.000 Quadratmeter großen Grundstücken. Der See hat durch diese Gegebenheit nicht den romantischen Charakter anderer Seen, sondern erweckt den Eindruck eines Sperrgebietes. Heute halte ich vor einer dieser Villen.

Auf mein Läuten hin öffnet eine ältere Frau. Ihre dünnen grauen Haare sind zu einem kleinen Dutt nach oben gerafft. Ein weißer Spitzenreifen umrandet die winzige Haarkugel wie eine schützende, nicht einnehmbare Festung. Er und eine weiße Latzschürze über einem bodenlangen schwarzen Kleid verraten, dass sie hier angestellt ist.

»Guten Tag, ich bin Maja Nowak«, stelle ich mich vor.

»Bitte.« Sie weist mit ruhiger Geste und ohne eine Miene zu verziehen in das Haus. »Darf ich Ihnen etwas abnehmen?«, fragt sie, ohne die Stimme zu heben.

»Danke, es geht schon.« Ich will mich selbst ausziehen, denn es ist mir unangenehm, von einer älteren Dame bedient zu werden. Mein Einspruch wird mit dem energischen Abzug der Jacke von meinen Schultern beantwortet. Mir entgehen ihre leicht gespitzten Lippen nicht, als sie das viel genutzte Trainingskleidungsstück neben die anderen Sachen an die Garderobe hängt. Sehr gerade und gespenstisch dünn sieht sie aus, als sie mir, vorangehend, den Weg weist.

Ich folge ihr durch die Eingangshalle über einen persischen Hochflorteppich, der mir das Gefühl vermittelt, ich laufe über Moos. Auf den weißen Wandkonsolen links und rechts warten kostbar aussehende Vasen und Leuchter auf ihren Gebrauch.

Ich fahre zusammen, als mich plötzlich etwas Feuchtes an der Hand berührt. Ein schwarzer Kleinpudel fällt auf die Vorderpfoten zurück, als ich ihn ansehe. Dann versucht er erneut Männchen zu machen, um mit seiner Schnauze an meine Hand zu stupsen.

»Tobi«, sage ich erleichtert über sein Erscheinen. Er setzt sich und blickt mich mit wachem Blick an. Die Haushälterin öffnet eine hohe Flügeltür. Wir treten zu dritt in den Raum. Die schwarz gekleidete Haushälterin. Eine schwarz gekleidete Hundetrainerin. Und ein kleiner schwarzer Pudel.

Die Farbe macht uns zu miteinander verknüpften Fremdkörpern in einer Zimmereinrichtung aus weißen Barockmöbeln mit lachsfarbenen Bezügen, hellen Stofftapeten und cremefarbenen Perserteppichen. Zwei hohe Sessel mit Fußablagen stehen sich ehrwürdig an einem Kamin gegenüber. Auf einer Chaiselongue neigt ein geschnitzter Schwan seinen Hals in die Beuge der Rückenlehne. Goldfarbene Kronleuchter ergänzen das Ambiente. Eine kleine Frau in den Fünfzigern, die sehr gerade auf einem Barocksofa sitzt, trägt ein schlichtes graues Kostüm und hat die Hände in ihrem Schoß gefaltet. Sie blickt mir ausdruckslos entgegen.

»Frau Nowak«, stellt mich die Haushälterin vor.

»Guten Tag«, kommt es schwach von der Frau zurück.

Ich bin es gewohnt, den Menschen die Hand zu geben, nehme meinen halb erhobenen Arm aber wieder zurück, als ich sehe, dass die Frau reglos sitzen bleibt. Sie schaut auf den kleinen Pudel neben mir, und ich kann nicht deuten, ob es Traurigkeit oder Teilnahmslosigkeit ist, die in ihrem Blick liegt.

»Ja, da ist sie ja!«

Der polternde Bass ertönt so überraschend, dass ich zusammenfahre. Ein rothaariger, stämmiger Mann stürmt durch eine gegenüberliegende Flügeltür herein.

»Bitte, Sie können Platz nehmen«, sagt er und weist mir den einzigen Barocksessel zu, auf dem eine Hundedecke liegt. Er selbst setzt sich mit vier Metern Distanz neben seine Frau auf das Sofa, schlägt die Beine übereinander und wirft den Arm leger über die Sofalehne.

»So, jetzt biste dran«, sagt er, auf den Pudel schauend, der neben meinem Sessel Platz genommen hat. Seine Erscheinung, die klischeehaft an einige gut verdienende Persönlichkeiten im Rotlichtmilieu erinnert, erstaunt mich in dieser Kulisse.

»Worum geht es denn?« Ich versuche, einen frischen Ton an den Tag zu legen, um die klamme Stimmung abzuschütteln, die von mir Besitz ergreift.

»Also das Kerlchen beißt uns. Können Sie sich das vorstellen?!« Der Adamsapfel des Mannes zuckt. »Das kann ja wohl nicht wahr sein. Dieser kleine Hosenscheißer«, fügt er entrüstet hinzu. Die Frau blickt auf eine Stelle des Perserteppichs.

»Mensch, also da haben wir uns was ins Haus geholt«, empört sich der Mann weiter. Eine Goldkette zittert im Ausschnitt seines blau-weiß gestreiften Hemdes. »So, nu legen Se mal los«, beendet er seinen Bericht.

»Ich müsste erst einmal wissen, wann er beißt«, erwidere ich und blicke ungläubig auf den Hund, der auf mich eher schüchtern und zurückhaltend wirkt.

»Na ja, also meine Frau hat ja keine Kinder bekommen, nicht wahr. Das ist aber eigentlich nicht für Ihre Ohren bestimmt. Aber Sie wollen's ja genau wissen. Nun hat sie eben Freude daran, dem Kerlchen hier«, er weist auf den Pudel, »immer mal was anzuziehen, dass es hübsch aussieht. Das ist zwar nicht mein Geschmack, aber meiner Frau gefällt es, und sie muss ja auch was haben. So, und da fing der Pudel dann mit Beißen an, wenn sie ihm was anziehen wollte, und jetzt macht er das sogar, wenn wir ihn nur anfassen wollen.«

Sichtlich verärgert über die Notwendigkeit, diesen Sachverhalt erklären zu müssen, wendet er sich an seine Frau.

»Mariechen, was soll sie denn nun machen?«

»Also«, die Frau reibt sich die zusammengefalteten Hände. »Es wäre doch gut, wenn Tobi wieder lieb ist. Er war nämlich am Anfang sehr lieb.« Sie schaut mich kurz an, bevor ihr Blick zurück auf den Boden wandert.

Ich muss mir den Kloß im Hals wegräuspern, um etwas sagen zu können: »Also, auf mich macht er einen ausgesprochen freundlichen Eindruck, und hübsch ist er doch ohnehin. Ich verstehe also noch nicht ganz, wozu Sie ihn anziehen müssen.«

»Das lassen Sie doch bitte die Sache meiner Frau sein«, kontert der Mann in schärferem Ton und beugt sich dabei leicht nach vorne.

»Ich kann den Hund nicht Ihre Sache sein lassen, weil er keine Sache ist, sondern ein Lebewesen, das Respekt verdient«, sage ich, um Ruhe bemüht. »Und ein Pudel braucht keine Kleidung.«

»Papperlapapp! Das ist doch egal. Er beißt ja auch einfach, wenn man ihn nur streichelt.«

Ungläubig halte ich meine Hand neben Tobis Nase. Er schnüffelt vorsichtig daran. Langsam streiche ich mit der Handaußenseite über sein linkes Schulterblatt. Er leckt mir die Hand. Ich gehe in seinen Nacken und massiere ihn mit etwas mehr Kraft. Er schließt die Augen und leckt sich über das Maul. Ratlos blicke ich zu den beiden Menschen, mit denen Tobi lebt.

»Na ja, Sie kennt er ja nicht. Zu Fremden ist er immer wie ein Lamm«, sagt der Mann verärgert. »Aber ziehen Sie ihm doch mal was an. Charlotte, holen Sie doch mal ein Leibchen«, weist er die Haushälterin an. Diese verschwindet und kommt kurz darauf mit einem blauen Babyleibchen zurück.

»Das können Sie ihr geben«, zeigt er auf mich.

»Nicht nötig. Ich werde Ihrem Hund nichts anziehen«, sage ich, ohne meine Betroffenheit zu verbergen.

»Na, dann mach ich es«, ruft der Mann ungehalten. Er springt auf, reißt der alten Frau das Leibchen aus der Hand und will auf den Hund zugehen. Ich bin von dieser Aggression so überrascht, dass ich hochfahre und mir ein »Also, warten Sie mal!« herausrutscht. Der Mann bleibt vor mir stehen, das Leibchen bleibt in der Luft hängen. Sein Gesichtsausdruck schwankt zwischen Fassungslosigkeit und Empörung.

»Also, das ist mir ja auch noch nicht passiert, dass mir ein Angestellter sagt, was ich tun oder lassen soll«, bricht es cholerisch aus ihm heraus.

Ich blicke ihm gerade in die Augen und sage: »Ich bin nicht bei Ihnen angestellt.«

»Also bitte, ich habe Sie doch schließlich engagiert für

diesen Auftrag und bezahle dafür, dass Sie machen, was nötig ist.«

»Ich denke, wir haben sehr unterschiedliche Ansichten darüber, was nötig ist«, entgegne ich. »Ich finde es zum Beispiel dringend nötig, dass Sie anderen Wesen mehr Respekt entgegenbringen und in Betracht ziehen, dass ein Hund kein Baby ist, das Leibchen braucht. Er ist ein Hund und hat das Recht, sich gegen so etwas zu wehren.«

Der Mann setzt sich betont langsam wieder hin.

»Interessant. Sie wollen mir also allen Ernstes klar machen, dass ein Hund Rechte hat?«

Ich hätte nicht gedacht, dass meine Betroffenheit noch größer werden kann. Aber sie ist in der Tat gerade gewachsen. Gäbe es nicht den Hund, den ich zurücklassen müsste, wäre ich bereits gegangen.

»Natürlich. Stellen Sie sich vor, man würde Sie den ganzen Tag wie eine Frau behandeln, obwohl Sie ein Mann sind. Würden Sie sich respektiert fühlen? Genauso wenig lässt sich ein Hund gerne wie ein Baby behandeln.«

Die kleine Frau blickt aus den Augenwinkeln zu ihrem Mann. Dieser grinst ironisch und sagt: »Das wird mir ganz sicher nicht passieren.«

»Warum nicht?«, frage ich.

Er blickt mich ehrlich erstaunt an. »Na, weil ich nun mal ein Kerl bin.«

»Sehen Sie. Und das«, ich zeige auf den Pudel, »ist nun mal ein Hund.«

Er sieht mich mit zusammengekniffenen Augen an, wie ein Insekt, das er unter dem Mikroskop betrachtet und das ein unerwartetes Verhalten zeigt.

»Nun kommen Sie mir mal nicht so geistreich daher«, wehrt er ab. »Sie können den Hund auch gern eine Woche mitnehmen und ihn bei sich therapieren. Da zahl' ich zehntausend Euro für, ohne mit der Wimper zu zucken. Meinetwegen, pfeif' auf das Leibchen. Aber er soll sich anfassen lassen. Wozu hat man denn einen Hund? Damit man ihn nicht anfassen kann? Oder was?«

Seine Frau blickt mich vorsichtig von unten her an und haucht:

»Ich kann das mit dem Anziehen schon weglassen. Er soll nur wieder lieb sein.«

»Also, wie viel wollen Sie?«, fragt der Mann.

Ich hebe die Schultern, um anzudeuten, dass ich nicht verstehe, was er meint.

»Na, Pinke, Pinke!«, er reibt sich mit dem Daumen über den Zeigefinger. »Wie viel wollen Sie für eine Woche haben?«

Ich fühle, wie ich vor Ärger ganz blass werde.

»Ich nehme für so etwas keine Hunde mit«, sage ich fassungslos.

»Is' klar«, sagt der Mann nickend. »Elftausend Euro, wenn Sie ihn mitnehmen.« Ich stehe auf und spüre, wie mir die Knie zittern vor Empörung. Ich blicke auf den kleinen Hund und kann nicht fassen, ihn zurücklassen zu müssen. Einen Moment lang denke ich über einen Hunderaub nach, und weiß noch im selben Moment, dass in einem solchen Fall schon morgen ein neuer Hund hier Einzug halten würde – wie alles, was mit Geld erworben werden kann.

»Ich werde jetzt gehen«, sage ich mit sehr fester Stimme, um nicht laut zu werden. Die Frau sieht mir zum ersten Mal direkt ins Gesicht. Der Mann blickt mich starr an.

Ich erwidere den Blick der Frau und sage: »Ich kann nichts für Sie tun, wenn ich nichts für Ihren Hund tun darf.«

Der Mann erhebt sich, winkt ab und verschwindet wortlos durch die Flügeltür, aus der er gekommen ist. Die Frau reibt hilflos beide Hände an ihrem Kostüm und hat Tränen in den Augen. Ich schwanke zwischen Mitleid und Wut über die Zaghaftigkeit, in der sie sich in dieser Villa und in ihrem Leben eingerichtet hat.

Während mir die Haushälterin im Flur meine Jacke reicht, trifft mich ein Blick von ihr, den ich nicht erwartet hätte. Sie lässt mich ein angedeutetes Lächeln sehen, das Verbundenheit ausdrückt. »Deshalb habe ich kein Tier«, sagt sie leise, als sie mir die Haustür öffnet.

# Ein Dach für Benny

Ich fahre die einzige Hauptstraße eines Berliner Vorortes entlang, vorbei an bunt bepflanzten Vorgärten, die von der liebevollen Pflege ihrer Bewohner zeugen, und traue meinen Augen nicht. Alle paar Häuser steht ein Mensch mit Hund am Straßenrand und winkt. Ich winke irritiert zurück, weil ich die Bedeutung dieser losen Hundeparade nicht erkennen kann. Treffen sich diese Menschen zum gemeinsamen Spaziergang? Warum bleiben sie dann so vereinzelt stehen? Während ich darüber nachdenke, fällt mir auf, dass fast alle ihren Hund »Sitz« machen lassen und deutlich um einen guten Eindruck bemüht sind. Langsam dämmert mir, dass meine Kundin hier offenbar alle über mein Kommen informiert hat. Ich muss schmunzeln, denn mir fällt ein Bilderwitz aus meiner Kindheit ein. Auf dem Bild ist eine ältere Frau mit Schweißperlen auf der Stirn zu sehen, die auf Knien den Boden schrubbt. Ein kleiner Junge fragt sie: »Aber Oma. Warum machst du denn sauber, die Reinemachfrau kommt doch gleich?« Über der Oma verkündet eine Sprechblase: »Ja, aber was soll denn die von uns denken?«

Ähnlich empfinde ich oft die rührenden Versuche einiger Hundebesitzer, einen braven Hund vorzuzeigen, wenn die Hundetrainerin kommt.

Ich halte vor einem weißen Haus, dessen Blumenkästen mit roten Geranien reich geschmückt sind. An einem hohen blickdichten Tor aus Holz weist ein Schild darauf hin, dass hier Neufundländer gezüchtet werden.

Ich läute. Eine rundliche Frau in den Sechzigern lehnt

sich aus einem der Fenster. Ihr Busen nimmt in den Geranien Platz. »Jawoll, ich komme«, ruft sie mir zu und verschwindet. Kurze Zeit später öffnet sich das Tor.

»Na, gut gefunden? Immer herein. Ich freue mich, dass Sie da sind.«

Die Frau lädt mich mit einer Handbewegung ein, in den Hof zu kommen. Bevor sie das Tor hinter mir schließt, wirft sie einen kurzen Blick auf die Straße. »Alle bereit!«, kommentiert sie die Anwesenheit der wartenden Hundebesitzer.

»Wozu?«, frage ich.

»Na, Sie hatten doch gesagt, es solle sich jemand aus der Nachbarschaft zum Training bereithalten für unser Problem«, entgegnet sie leicht irritiert.

Nun schaue ich sie überrascht an. »Das stimmt, aber ich rechnete wie üblich mit zwei oder drei Helfern. Das sind ja mindestens zwanzig Hunde, Hut ab.«

»Also hier im Ort wollten alle mitmachen«, erwidert sie treuherzig und zieht an ihrer braunen Cordhose, die, an den Füßen zusammengerafft, in ein Paar roten Socken verschwindet. Meinen Blick bemerkend, erklärt sie lachend: »Die neuste Zeckenmode.«

Ihre roten Wangen und ihr entspannter Blick haben etwas von einem Menschen, der in der Nähe der Natur leben darf.

Das Bild, das sich mir im Hof bietet, erinnert an ein Gemälde. Im Schatten des Hauses liegen, lang ausgestreckt, vier zottige, schwarze Neufundländer, die der Hitze des Sommertages so reglos wie möglich zu trotzen suchen.

»Ha, was für prächtige Gesellen«, sage ich und zeige auf die Hunde.

Die Frau nickt zustimmend. »Ist nur sehr heiß für sie, hoffentlich machen sie überhaupt mit.« Ihre dunklen Haare sind zu einem Pagenkopf geschnitten, der in seiner Dichte dem prächtigen Haarkleid der Neufundländer in nichts nachsteht.

Das Gemälde im Hintergrund bewegt sich. Einer der Neufundländer hebt den Kopf und blinzelt zu uns hinüber. Sein Kopf fällt nach dieser Anstrengung, von einem lauten Seufzer begleitet, wieder auf den Boden. Die anderen drei Hunde bewältigen das Abschätzen der Situation nur mit den Augen.

»Aber nehmen Sie doch erst einmal Platz.« Die Frau weist auf eine kleine Gruppe Holzgartenmöbel im Hof. »Möchten Sie selbst gemachten Birnensaft?«

»Oh, gern.« Ich fühle mich hier sofort heimisch. Alles erinnert mich an meine Kinderferientage auf dem Land.

»Ich hole jetzt einmal das Wiederbelebungsmittel für die Großen!« Die Frau verschwindet verschmitzt lachend im Haus. Mit dem Birnensaft in der Hand sitze ich auf einer Bank und lehne meinen Kopf an die kühlende Wand einer alten Scheune. Die Neufundländer schlafen im Schatten eines großen Walnussbaumes. Ich habe keine Idee, was diese dösenden Riesen im Augenblick wecken könnte.

»Huuuuhuuuuhuuuuuhu«, zerreißt ein sirenenartiger Ton die Stille. Ein West Highland White Terrier rast hysterisch bellend ins Bild. Ich hebe den Kopf. Alle Neufundländer heben den Kopf. In ihrem schläfrigen Blick liegt nun Ungläubigkeit. »Nee, nä?! Musst du ausgerechnet jetzt rauskommen?«, scheinen sie sagen zu wollen. Der West Highland White Terrier, hierzulande auch einfach Westie genannt, rennt in großen Kreisen über den Hof. Ab und zu rammt er seine Vorderpfoten heftig in den Sand und wirft sich in die Terrierbrust. Dabei verfolgt er meine Reaktion aus den Augenwinkeln. Nun springt einer der Neufundländer überraschend schnell auf und bellt in tiefen, heiseren Tönen »uh, uh, uh«, was so viel heißen könnte wie: »Halt den Rand, du Nervensäge.«

»Das ist Manne, der Leithund«, sagt die Frau und deutet auf den imposanten Rüden.

Den Westie spornt die Zurechtweisung jedoch zu neuen Ausbrüchen an. »Huuuu, huuuuhu-u-u!!!!«: »Ich kann es besser. Warte nur. Gleich hab ich es!« Manne blickt resigniert auf das Ergebnis seiner Ermahnung und bestärkt mich damit in meiner Vermutung, dass er damit schon häufiger erfolglos geblieben ist. Laut ausatmend lässt er sich zurückfallen und dreht demonstrativ den Kopf weg. Der Westie schnappt sich daraufhin ein quietschendes Gummihuhn und postiert sich damit genau vor der Schnauze eines anderen Neufundländers. »Wiek, wiiiiek, wii-hi-hiek.« Er steckt dem Hund das Spielzeug fast in die Schnauze. Die Augenlider des betroffenen Neufundländers öffnen langsam auf Halbjalousie, und nur seine beschleunigte Atmung lässt erkennen, dass ihm die Störung gewaltig auf die Nerven geht. Der Terrier schüttelt das Spielzeug und wirft es forsch in die Runde. Es fällt auf einen der schlafenden Neufundländer, der nun erschrocken hochfährt und benommen in die Runde schaut. Langsam rappelt er sich auf, geht gemächlich über den Hof und lässt sich an einer anderen schattigen Stelle wieder fallen. Dem Terrier entfährt ein wütender Ton: »Uuuuuuuuh!« Er schüttelt das Spielzeug und wirft es erneut in die Luft. Es landet neben dem Neufundländer, der sich eingangs bellend beschwert hatte. Er wird von den Vorderpfoten und Krallen des Terriers nicht ganz zufällig in der Seite getroffen, als dieser mit einem energischen Sprung auf dem Spielzeug landet. Dem Neufundländer entfährt ein heiserer Laut, der sowohl Überraschung als auch Schmerz ausdrückt. Er streckt ruckartig den Kopf nach vorn und verpasst dem Verursacher einen wohldosierten Warnbiss. Mit diesem will er den Terrier zwar nicht verletzen, aber maßregeln.

Weil der Terrier nicht daran denkt aufzuhören, greift er ihm mit der riesigen Schnauze einfach über den Rücken und hält ihn fest.

Übertrieben laut beginnt der Terrier zu fiepen und hilfesuchend zu der Frau zu blicken. Dann entwischt er dem Maul des Hundes und rennt mit großen Sprüngen über den Hof. Obwohl er vor Schreck den Hintern absenkt, wirft er den Oberkörper schon wieder nach vorn und den Kopf zurück. »Wuhuuhuuuhu!«, beschwert er sich mit ein paar Seitenblicken auf die Frau, von der er nun offenbar endlich Beistand erwartet.

Sein Gang nimmt den Ausdruck eines Gockels an, der vor seinen Hennen auf und ab marschiert. Ab und zu scharrt er mit den Vorderpfoten im Boden, als wolle er sich Platz verschaffen, und gibt entrüstete kleine Wuffer von sich.

»Ein herrliches Schauspiel«, sage ich anerkennend.

Die Frau seufzt. »Das traut er sich auch nur hier im Hof mit meinen vier Großen, weil er weiß, dass sie gutmütig und viel zu langsam sind. Draußen mit anderen Hunden fährt er ja eine andere Taktik.«

»Ich bin neugierig«, sage ich. »Aber bevor wir hinausgehen, sagen Sie, wie kommt der Westie zu Ihnen und den Neufundländern?«

Die Frau schiebt ihren dichten Pony zurück, um sich mit der Hand über die Stirn zu wischen.

»Also, Benny lebte ungefähr vier Jahre bei einer alten Dame aus dem Ort, die vor zwei Monaten gestorben ist. Leider hat man den Tod von Frau B. erst nach einer Woche bemerkt, weil sie auch sonst sehr zurückgezogen lebte. Benny war sehr verstört, und ich nahm ihn auf, damit er in diesem Zustand nicht in ein Tierheim muss. Ich wollte ihn einfach wieder zu sich kommen lassen und dann ein schönes Zuhause für ihn suchen. Ich hatte nicht damit gerechnet, dass er solche Überraschungen in petto hat, die eine Vermittlung für ihn schwierig machen.«

»Gut, dann sehe ich mir sein spezielles Hobby doch einmal an«, sage ich und reibe mir gespannt die Hände.

»Vielleicht können Sie eine nachbarschaftliche Hundebegegnung organisieren, und den Rest machen wir dann in dem Hundeauslauf, von dem Sie mir am Telefon erzählten?«

Die Frau nickt zustimmend und zückt ihr Handy.

Drei »Standby-Trainingspartner« werden von unserem Kommen in Kenntnis gesetzt und um die Weitergabe der Informationen an die anderen gebeten. Als wir das Hoftor mit vier frei laufenden Neufundländern und einem angeleinten Terrier verlassen, sehe ich eine sich langsam bildende Formation aus Hundebesitzern, die – aus verschiedenen Ecken kommend – nun einer gemeinsamen Richtung folgen. Ich muss schmunzeln, denn das Bild erinnert mich an die Versammlung der Menschen bei der ersten Leipziger Montagsdemo.

Der Nachbarshund, den wir treffen, ist ein roter Cocker Spaniel, den eine ältere Dame zwei Grundstücke weiter an der Leine hält. Er wird von den Neufundländern mit ein paar freudigen Wedlern ihrer buschigen Schwänze begrüßt, ohne dass sie ihr Tempo dabei beschleunigen würden. Der Cocker Spaniel wackelt heftig mit seinem kleinen Hundepopo, und in seinen aufgerissenen Augen blitzt Unternehmungslust auf.

»Oh, toll! Die Hochhäuser sind unterwegs. Freue mich, euch zu sehen! Ich stehe schon länger hier rum.« Er springt begeistert in die Leine, und die ältere Dame wankt einen gefährlich großen Schritt nach vorn.

Die Neufundländer haben den Cocker Spaniel jetzt erreicht und beugen ihre vier großen Köpfe schnüffelnd zu ihm hinunter. Der Cocker Spaniel leckt ihnen begeistert die Lefzen. »Ihr seid meine Rettung, echt!« Er zieht jetzt energisch in die Richtung, die die Neufundländergruppe nimmt. Die alte Dame folgt hüpfend, in kleinen, schnellen Schritten.

Es fällt auf, dass der Westie sich nun auf der Straße deutlich stiller verhält als im Hof. Er fiept nur leise und hechelt stark, während er damit beschäftigt ist, konzentriert zu den Neufundländern zu ziehen und sein Ziel durch heftige Rucke an der Leine kundzutun.

»Soll ich ihn jetzt mal von der Leine lassen, damit Sie es sehen können?«, fragt die Frau und greift an den Karabiner von Bennys Leine.

»Läuft er dann nicht auf die Straße?«, frage ich besorgt.

»Niemals, der ist nur mit seinem Hobby beschäftigt«, versichert die Frau und klickt den Karabiner ab. Augenblicklich verschwindet Benny unter den Neufundländern. Sein plötzlicher, lautloser Abgang hat etwas Unheimliches.

»Wo ist er denn?« Ich bücke mich und versuche, Benny zwischen den Beinen und dem langen Fell der Neufundländer auszumachen. Der Westie wechselt dort mit einer so verwirrend schnellen Geschwindigkeit die Plätze, dass selbst ein Hütchenspieler vor Neid erblassen könnte. Sein Kopf stößt dabei immer wieder kurz nach vorn in die Breitseite des Cockers. Jedes Mal, wenn dieser sich erschrocken umsieht, ist der Verursacher des Stübers jedoch bereits verschwunden. In Erwartung einer neuen Berührung beginnt der Cocker sich schließlich fortwährend hektisch umzuschauen und erinnert dabei an einen Menschen, der von einer Wespe gestochen wurde und nun hysterisch nach weiteren Wespen Ausschau hält.

Nun schon auf dem Bürgersteig kniend, sehe ich, wie der Terrier gezielt abwartet, bis der Cocker Spaniel in eine andere Richtung blickt, um ihn dann wieder mit einem kleinen Schnauzenstoß zu erschrecken. Er wirkt dabei hoch konzentriert und als würde er einer besonders wichtigen Arbeit nachgehen.

»So etwas habe ich noch nirgendwo erlebt«, gebe ich bewundernd zu.

Die Frau und die alte Dame blicken mit einem gewissen Stolz auf die Stelle, an der sie den Terrier vermuten.

»Ja, aber warum macht er das denn?« Die alte Dame schüttelt ratlos den Kopf.

»Ich habe bislang nur eine Vermutung, lassen Sie uns zuerst noch zu den anderen Hunden gehen, damit ich es noch ein paar Mal sehen kann«, bitte ich.

Während wir zu einer eingezäunten Wiese laufen, sehe ich, wie in den Fenstern der Häuser links und rechts einige Gardinen in Bewegung kommen. »Hier passiert nicht viel«, sagt die Frau, als sie meine Blicke bemerkt.

Auf der Wiese befinden sich ungefähr zwanzig Menschen und ebenso viele Hunde, die zum Teil noch an der Leine sind. »Toll, dass Sie alle mitmachen. Guten Tag«, grüße ich die Runde. »Sind alle Hunde mit Artgenossen verträglich?« Allgemeines zustimmendes Nicken. »Na, denn mal ›Leinen los‹!«, rufe ich.

Mehrere Labradore, zwei Border Collies, ein Spitz, ein Zwergdackel, vier Schäferhunde, einige große und kleine Mischlinge und der Cocker Spaniel stürzen sich ins Getümmel. Selbst die Neufundländer setzen zu ein paar Sprüngen an; nach wenigen Metern jedoch zahlen sie der Hitze Tribut und geben keuchend auf. Sie gedulden sich nun, bis einer der anderen Hunde ihren Weg kreuzt.

Diesen Gefallen tun ihnen ein blonder und ein schwarzer Labrador, die mit einem Affenzahn heranrasen und die Neufundländergruppe sprengen wie vier Kegel bei einem guten Wurf. Die großen Hunde springen schwerfällig zur Seite, und Manne gibt ein empörtes »Wu« von sich. Im selben Moment schießt Benny unter ihm hervor wie ein Wrestling-Sportler. Er schnappt kurz in das Hinterteil des schwarzen Labradors und lässt sich dann sofort wieder unter die Deckung durch den Neufundländer zurückfallen. Der getroffene Labrador wendet sich jedoch nicht einmal um, weil das Toben mit dem kernigen Spielkameraden ihn völlig gefangen hält.

Jetzt kommt ein großer Mischling im leichten Bogen auf unsere Gruppe zu. Er schnüffelt hier ein bisschen und dort ein wenig und verfolgt dabei aus den Augenwinkeln, ob seine Annäherung von den Neufundländern erwünscht ist. Diese wedeln als Antwort ruhig mit den Schwänzen, was den Mischling dazu ermutigt, näher zu kommen. Er steht jetzt mit abgewandtem Blick neben dem Neufundländerrüden und wedelt mit gesenktem Schwanz einen respektvollen Gruß. Manne erwidert ihn und senkt den Kopf, um am Hinterteil des Mischlings zu schnüffeln.

Eine formvollendete Hundebegegnung.

»Wääääaaah!«, springt der Mischling plötzlich erschrocken zur Seite, als ihn der unvermittelte Rempler des Phantomkämpfers unter dem Neufundländer trifft. Er dreht sich erschrocken um und bringt sich schnell und immer wieder hinter sich blickend in Sicherheit.

»Warum macht er das denn? Das ist doch Aggression und Dominanzverhalten, nicht wahr?«, fragt ein Mann aus der Gruppe und weist in die Richtung des Terriers.

»Also ich würde sagen, da hat einer einen Riesen-Freizeitspaß gefunden und sich statt Fuchsbauten Neufundländer als Unterstände gesucht. In Ermangelung von Füchsen werden Hunde gestellt. Es ist nur tatsächlich so, dass er sich damit den anderen Hunden gegenüber absolut asozial verhält und es eigentlich nur eine Frage der Zeit ist, bis er die Quittung dafür bekommt. Die Frage ist auch, wie er sich verhält, wenn die ›Dächer‹ plötzlich wegfallen und er der Situation allein ausgeliefert ist. Wie benimmt er sich denn in einem solchen Fall?«, frage ich die Frau.

Sie überlegt einen Moment und erwidert: »Ich habe das

noch nicht gehabt, er macht das vom ersten Tag an so, und ich wollte die Großen nicht immer von den anderen Hunden wegrufen und sie damit nerven«, sagt die Frau entschuldigend.

Ich nicke zustimmend. »Völlig richtig. So würde ich es auch nicht machen. Wir sollten den Großen etwas bieten, was ihnen Spaß macht und sie in Bewegung setzt, dann haben alle etwas davon.«

»Ah, und was wäre das?«, fragt die Frau interessiert.

Ich zeige auf Manne: »Ich würde mit dem Leithund eine kleine Futterjagd initiieren und hoffe, dass die anderen drei dann einfach mitmachen.«

»Na ja, wenn es klappt«, sagt die Frau, noch immer skeptisch.

»Wenn Sie mir Manne kurz anvertrauen, zeige ich Ihnen in zehn Minuten, was ich meine, okay?«

Mit dem angeleinten Manne und ein paar interessierten Hundebesitzern gehe ich über die Wiese in den schattigen Wald. Manne zuckelt gemütlich neben mir her. Mitunter stupst er mit seiner Nase in meine Handinnenfläche und erinnert mich damit an Arko, einen wundervollen Berner Sennenhund aus meinen ersten Jahren als Hundetrainerin. Arko besuchte bei mir den Seniorenkurs für Hunde und viele andere Aktivitäten. Er war nicht nur ein enger und verlässlicher Gefährte seines Frauchens, Monika, die sich stets »Arko-Moni« nannte, sondern auch für mich ein unverzichtbarer Helfer bei den Erlebnisspaziergängen, die wir durchführten. Er behielt aufkeimende Konfliktsituationen unter den Hunden im Blick oder ermahnte zurückbleibende Bummelanten. Wie die meisten Hunde hatte auch er ein untrügliches Gespür dafür, welcher Mensch gerade situativ die Menschengruppe anführt. Obwohl er eher ungesellig und an keinen fremden Berührungen interessiert war, stupste er häufig in meine Handinnenfläche und schnaufte kurz, als wenn er sagen wollte: »Wichtiger Job, was? Wir machen das schon. Du bei denen, ich bei diesen hier.« Es war ein unglaublich schönes Gefühl, sich gemeinsam mit diesem wackeren alten Hund die Verantwortung zu teilen. Dieselbe Freude empfinde ich jetzt neben dem schwarzen Neufundländer, der mir nicht folgt, weil er muss, sondern weil er ganz offenbar gern kooperiert, wenn er gebeten und gebraucht wird.

Auf einem schattigen Waldweg packe ich Hirschwurst vom Hundefleischer aus meinem Rucksack aus. Ich schnalze mit der Zunge und werfe einen kleinen Wurstwürfel auf den Boden. Manne nimmt den Geruch der Wurst mit der Nase auf, geht einen Schritt auf den Würfel zu und sieht mich ungläubig an.

»Echt jetzt? Das kann ich einfach fressen?«, könnte sein Blick ausdrücken.

»Okay!«, ermutige ich ihn. Ich habe nicht mit dem Tempo gerechnet, das der große schwerfällige Hund jetzt vorlegt. Er springt nach vorn, wischt die Wurst und den Waldboden mit einem breiten Zungenschlag auf und schaut mich erwartungsvoll an. »Ich wäre dann wieder bereit«, suggeriert sein Blick mit großer Dringlichkeit.

»T, t!«, schnalze ich noch einmal mit der Zunge an den Gaumen und werfe die Wurst etwas weiter weg, sodass er danach suchen muss. Manne galoppiert hinterher wie ein Kalb.

Ich laufe den Waldweg entlang und bitte einen Mann aus der Gruppe, Manne abzulenken. Er füttert Manne, und ich schnalze aus zehn Meter Entfernung. Manne fährt herum und sucht schon mit den Augen die Flugbahn der Wurst. Ich wiederhole das Spiel auf dem Rückweg, als er gerade einen anderen Hund auf einem Parallelpfad entdeckt. Bei jedem Schnalzen kommt Manne freudig heran, um den Waldboden gründlich nach der Wurst abzusuchen.

Zurück auf der Hundewiese erwarten uns die neugierigen Blicke der Zurückgebliebenen.

»Wir haben etwas vorbereitet«, verkünde ich, während ich auf Manne deute, »und jetzt habe ich an alle noch eine Bitte. Wenn ich ›Abschirmen‹ rufe, brauche ich so viel Hilfe wie möglich, damit Benny nicht wieder an die Neufundländer herankommt. Okay?«

Einige Umstehende nicken eifrig.

Die Neufundländerdamen haben inzwischen freudig Manne begrüßt, der diesen Empfang huldvoll und mit hoch erhobenem Kopf entgegennimmt. Ein weißes Fell blitzt unter einer der Hündinnen hervor und wechselt zum offenbar bevorzugten Platz unter dem Leithund. Auch die anderen Hunde auf der Wiese nähern sich, um Manne zu begrüßen und zu begutachten. Schließlich riecht er plötzlich nach Hirschwurst und Adrenalin.

Der erste Hund, der Manne erreicht, ist der rote Cocker Spaniel, der gleich wieder zurückzuckt, weil ihn bereits ein Rempler voll getroffen hat. »T, t«, schnalze ich leise mit der Zunge. Manne wirft sich freudig herum und kommt angelaufen, um die Wurst zu suchen. Die Neufundländer-Damen recken bei seinem plötzlichen Abgang die Köpfe nach oben und folgen ihm neugierig. Benny, der gerade zu einer erneuten Attacke in Richtung Cocker Spaniel unterwegs war, bemerkt das fehlende Dach, sieht sich mitten im Sprung um und landet schließlich mit überraschtem Blick allein vor dem Cocker. Der blickt ebenso überrascht auf den hervorgezauberten Hund. Ein in der Nähe spielender Border Collie und ein Schäferhund halten abrupt inne, als sie den »Neuen« wahrnehmen, und kommen herbeigelaufen.

»Abschirmen«, rufe ich und zeige mit beiden Händen in die Richtungen, die dichtgemacht werden sollen, weil Benny gerade versucht, zu den Neufundländern zu stoßen, um sich wieder in Deckung zu bringen. Die Neufundländer sind schnell von Menschen umzingelt und blicken sich erstaunt um, denn nicht nur Benny kann nicht mehr an sie heran, auch sie können den Kreis nicht mehr verlassen.

»Benny soll sich jetzt einmal ohne Deckung mit den Hunden hier auseinandersetzen«, rufe ich als Erklärung für die Hinzukommenden.

Der Schäferhund geht im Bogen auf Benny zu, wedelt eine freundliche Begrüßung und will an ihm schnüffeln. Der Terrier reißt seinen Hintern zur Seite und bellt hysterisch. Der Schäferhund nähert sich noch einmal von hinten an, der Terrier springt wild schnappend auf ihn zu. Dem Schäferhund entfährt ein kurzes, tiefes Knurren. »Mach mal halblang«, könnte es ausdrücken.

»Viel Übung mit fremden Hunden hat er nicht«, kommentiere ich meinen Eindruck.

»Nein, die alte Dame ist ja nicht mit ihm zu anderen Hunden gegangen, sie hatte eher Angst«, sagt Bennys neue Besitzerin.

Der Schäferhund legt jetzt seinen Kopf auf den Rücken des Terriers, um ihn ruhig zu halten. »Haaaar!« Ein sehr ernst zu nehmendes Knurren des Schäferhundes ermahnt den Terrier, endlich stillzustehen und seinen »Personalausweis« vorzuzeigen. Tatsächlich darf der Schäferhund jetzt am Hinterteil des Westies Erkundigungen einziehen, doch plötzlich schnellt Benny herum und schnappt den anderen in die Lefze.

Ehe sich der Schäferhund von seinem Schreck erholt hat und selbst handeln kann, greife ich Benny mit einer Hand im Nackenfell, nehme mit der anderen sein Hinterteil, hebe ihn kurz hoch und lege ihn dann auf die Seite. Er ist so überrascht, dass er einen Moment braucht, um sich zu orientieren. Diese Zeit nutze ich, um meine Hände gut zu positionieren. Mit der einen fasse ich um seinen Hinterkopf herum an sein Ohr, mit der anderen halte ich seine Hüfte unten. So kann ich ihn fast ohne Druck fixieren. (Wenn ich einen Hund – wie in diesem Fall den Schäferhund – nicht kenne, agiere ich selbst, weil ich nicht einschätzen kann, wie souverän der andere Hund reagiert und ob es für den Hund, mit dem ich arbeite, eine gute Erfahrung sein wird.)

Der Schäferhund schnüffelt jetzt, die Gelegenheit nutzend, an Bennys Hinterteil. Dieser beginnt augenblicklich unter meinen Händen zu toben. Ich kann seine Wut in meinen Handflächen spüren. Sicher hat er bisher weder Erfahrungen mit Grenzsetzungen durch Menschen noch durch Hunde gemacht. Ähnlich einem Kind, das nie mit anderen Kindern zusammen war, immer bekam, was es wollte, und niemals Regeln einhalten musste. Später benimmt es sich asozial, weil es nie lernen durfte, mit seinen Gefühlen umzugehen, wenn es mal nicht nach seinem Kopf geht und es sich den Regeln einer Gemeinschaft anpassen muss. Erschwerend kommt seine große Unerfahrenheit im Umgang mit anderen hinzu, weil ihm das Kennenlernen der Umgangsformen verwehrt blieb.

Was für einen Menschen nur mühsam nachzuholen ist, können viele Hunde auffallend rasch meistern. Wenn man ihnen ermöglicht, kontrollierte Kontakte zu Artgenossen aufzunehmen und dabei ihr Fehlverhalten korrigiert und ein soziales Verhalten bestärkt wird, kann man sehr schnell wieder ihre natürlichen Instinkte ansprechen. Vielleicht liegt das daran, dass hündische Instinkte nicht von einem kranken Geist blockiert werden, sondern sie häufig einfach nur nicht ihre Instinkte leben durften.

Benny hat sich jetzt, auf der Seite liegend, beruhigt, weshalb ich meine Hände leicht anhebe, um den Druck ganz wegzunehmen. Sobald er jedoch einen Impuls zum Aufstehen zeigt, lege ich meine Hände wieder kurz auf ihn, damit er versteht, dass er nun zwar frei ist, aber sich erst noch entspannen soll. Es geht nicht nur darum, Benny mit Druck zu einer Verhaltensänderung zu bewegen, sondern vor allem darum, dass er selbst das Angenehme an seiner Entspannung in der Situation spürt und sich dadurch etwas in ihm verändern kann. Würde ich ihn also sofort aufspringen lassen, wenn er sich »ergeben« hat, wäre das nur ein Triumph für mich und eine Niederlage für ihn, aber kein Gewinn für uns beide.

Obwohl der Schäferhund mir noch immer wachsam bei Benny assistiert, kann ich jetzt meine Hände heben: Der Terrier bleibt entspannt liegen.

Hunde wie Benny, die lange keinen Kontakt mit Artgenossen hatten und sich deshalb asozial verhalten, rufen in mir immer das Bild eines Handwerkers hervor, der bisher alles mit einem Hammer erledigte, weil er keine anderen Werkzeuge zur Verfügung hatte. Man muss Benny erst einmal den »Hammer« wegnehmen, damit er weitere »Werkzeuge«, die ihm instinktiv zur Verfügung stehen, ausprobiert. Das wichtigste Werkzeug dafür wäre sein Sozialorgan: die Nase. Es fällt auf, dass er bei den Jagdspielen unter den Neufundländern nie seine Nase benutzte, sondern nur auf optische Reize reagierte. Allein, dass er damit auf die wichtigsten Informationen verzichtet, die ein Hund sich über einen anderen verschaffen kann, macht ihn sozial inkompetent. Vergleichbar wäre das mit einem Menschen, der – ausgestattet mit einer Augenbinde und Ohrstöpseln – in einer Einkaufspassage unter einer Bank hockt und aus Spaß allen Leuten auf den Hintern haut, die dicht genug an ihm vorbeikommen. Einen sozialen Umgang lernt er dabei nicht. Die Art wiederum, in der Benny den Schäferhund aggressiv abwehrte, obwohl jener höflich anfragte, bevor er schnüffelte, lässt sich damit vergleichen, dass ein Mensch einem Passanten eine Ohrfeige gibt, weil er von diesem erst angelächelt und dann aus der Nähe interessiert betrachtet wurde. Ein sozial kompetenter Mensch würde in einer solchen Situation einfach den Blick senken, wenn die Kontaktaufnahme unerwünscht ist. Ein Hund wiederum könnte sich hinsetzen oder seine Duftdrüse mit der Rute bedecken oder einfach weitergehen.

Benny hat jetzt die Augen geschlossen und schmatzt. Ein Zeichen von völliger Entspannung und Wohlbefinden.

Als ich aufstehe, sehe ich, dass die anwesenden Menschen einen Kreis um uns gebildet haben und zuschauen. Die anderen Hunde gehen ihren eigenen Interessen nach. Sie spielen, schnüffeln oder entspannen sich.

Benny rappelt sich nun hoch, schüttelt sich und senkt die Nase auf die Wiese. Der Schäferhund behält ihn noch ein paar Sekunden im Auge, dreht dann leichtfüßig ab und rennt über das Gelände zu einem der Border Collies. Sein Abgang zeigt den anderen, dass der Terrier »gesellschaftsfähig« ist, sonst wäre er weiter geblieben.

Auch die Menschenmenge beginnt sich zu zerstreuen. Plötzlich legen sich die Labradore weiter hinten auf dem Gelände in eine Kurve und rasen in gerader Linie auf den Terrier zu. Ich sehe, wie Bennys Augen die Neufundländer suchen, und rufe noch einmal »Abschirmen!«, weil sich der Menschenkreis um die Neufundländer herum aufgelöst hat. Durch die Umstehenden geht ein Ruck, doch niemand rührt sich vom Fleck. Es ist den meisten anzusehen, dass sie von der passiven Rolle des Zuschauens nicht so schnell in die aktive Rolle des Abschirmens wechseln können. Benny erreicht die Neufundländer und verschwindet unter ihnen.

»Jetzt könnten Sie die Großen einmal selbst abziehen«, wende ich mich an deren Besitzerin und reiche ihr etwas Wurst. Die Frau entfernt sich von den Neufundländern, wirft aus zwanzig Meter Entfernung die Wurst und ruft fröhlich: »Happe, happe! Happe, happe!«

Die Neufundländer drehen sich unisono herum, der Westie schießt unter ihnen hervor. Er erreicht als Erster die geworfenen Wurststücke und hinterlässt den Neufundländern eine leere Wiese.

»Super. So können wir es auch machen«, rufe ich lachend.

Auch den Labradoren ist das »Happe, happe« nicht entgangen, und sie drängen sich neugierig um die Frau. Benny wirft ihnen einen genervten Blick zu, aber ehe er handeln kann, verwarne ich ihn. »Hey, lass es!« Ich habe mich genau neben ihn gestellt, um eingreifen zu können, doch er beschwichtigt sofort und fährt sich mit der Zunge über das Maul. Auch sein Schwanz ist gesenkt.

»Versuchen Sie einmal selbst herauszufinden, wann er Hilfe braucht. Korrigieren Sie ihn, wenn er Anspannung zeigt. Anzeichen dafür sind zum Beispiel, wenn er starrt, seine Ohren nach vorn gehen, sein Schwanz steil aufgerichtet ist und er erregt zittert, oder wenn er extrem langsame Bewegungen macht und auffällig still ist. Jetzt zum Beispiel. »Hey«, sage ich, an den Terrier gewandt, der gerade stocksteif wird, als ihn ein kleiner hinzukommender Mischling beschnüffeln will.

Benny wirft mir einen Seitenblick zu, und ich stelle mich etwas dichter zu ihm, damit er durch meinen Beistand mehr Sicherheit gewinnt. Der Mischling dreht jetzt ab, und Benny blickt ihm verdutzt hinterher. Es ist ganz offensichtlich, dass er nicht damit rechnete, dass das Ganze so schnell und friedlich abgeht. Seine durchgedrückten Gelenke knicken ein, und durch den ganzen Hund scheint ein Ruck der Erleichterung zu gehen.

»Super, das hast du großartig gemacht«, bestärke ich ihn. Benny reißt die Augen auf und rennt in einem plötzlichen Übersprung im Kreis herum. Dabei macht er einige erleichterte Wuffer. Im Folgenden blinzelt er zwar noch misstrauisch, wenn ein Hund zu dicht an ihm vorbeisaust, zeigt sich jedoch zunehmend an den Düften der Wiese interessiert.

»Mensch, das hat er noch nie gemacht«, sagt die Neufundländer-Frau freudig. »Er benimmt sich tatsächlich wie ein normaler Hund.«

Die überraschendste Wende jedoch tritt ein, als sich ihm eine Zwergdackeldame, die ebenfalls mit der Wiese beschäftigt ist, von hinten nähert. Kurz bevor sie ihn erreicht hat, hebt Benny plötzlich die Nase zuckend in die Luft. Er beginnt, Kaubewegungen zu machen und mit den Zähnen zu klappern. Im Gegensatz zum Menschen besitzen Hunde im oberen Maulbereich ein Organ, mit dem sie Gerüche auch schmecken können. Es wird vorwiegend für Düfte benutzt, die mit dem Sozial- und Sexualleben zu tun haben und transportiert die von ihm aufgenommenen Informationen direkt zu dem Teil des Gehirns, der für die emotionalen Reaktionen zuständig ist. Während ein Hund so einen Geruch zugleich riecht und schmeckt, klappert er häufig, wie Benny gerade, ganz leicht mit den Zähnen, und Speichel rinnt ihm aus dem Maul. Die junge Dackeldame besitzt offenbar einen Geruch, der in Benny etwas Wunderbares auslöst. Er dreht sich ruckartig um. Starrt auf die zierliche, langhaarige, rotbraune Erscheinung. Rattert aufgeregt mit seinem aufgerichteten Westie-Schwanz. Springt, sich in die Brust werfend, vor ihr hin und her wie bei einer Parade. Will sich ihr mit einem Satz ungestüm nähern.

Die Dackeldame bellt ihn kurz an, verbittet sich den Überfall und setzt sich elegant auf ihren winzigen Hintern. »Aber sie lässt ihn jetzt auch nicht schnüffeln«, sagt ein bebrillter Mann, der das Geschehen aufmerksam verfolgt. Ich nicke. »Das stimmt, aber er hat auch zuvor nicht höflich angefragt, sondern ist in seiner Aufregung zu stürmisch herangegangen. Die Dackeldame ist ihm in puncto Souveränität Lichtjahre voraus und hat nur seine Form der Annäherung moniert. Jetzt versucht sie gerade sehr klug, ihn etwas auszubremsen, damit er es richtig macht.«

Die Dackeldame sitzt mit von Benny abgewandtem Blick auf der Wiese und gähnt.

»Ohoo!«, ruft der Mann. »Habt ihr gehört, mein Mädchen ist eine ganz Raffinierte.« Tatsächlich kann die Hündin mit ihrer Ruhe und Entschiedenheit Bennys Tempo sofort stoppen. Er setzt sich, kratzt sich im Übersprung, springt wieder auf, tippelt um sie herum, kratzt sich wieder und bleibt dann abwartend still stehen. Da erhebt sich die Dackeldame, geht langsam auf den Westie zu und schnüffelt an ihm. Benny zeigt keinerlei Anzeichen von Protest, sondern steht stramm wie ein Vorzeigeschüler neben der Lehrerin. Danach wendet er sich vorsichtig zum Hinterteil der Dackeldame, die ihn nun ebenfalls anstandslos schnüffeln lässt. Was er dort erfährt, versetzt ihn so in Aufregung, dass er erneut um sie herumspringt, bis sie ihm mit einem kurzen Wuffer wieder zur Ordnung ruft. Sofort beruhigt sich Benny und geht brav neben seiner neuen Flamme über die Wiese. Da hat ein Schüler seine Meisterin gefunden, denke ich und muss lachen.

»Ist sie heiß?«, fragt eine Frau den bebrillten Mann.

»Nein, ich musste sie ja leider kastrieren lassen«, gibt dieser zurück. Mit einem Blick, den auch ein stolzer Vater auf seine Tochter werfen könnte, sieht er der kleinen Hündin hinterher, die Benny nun ruhig und souverän in die Hundewelt einführt. Als sich ein struppiger roter Mischling den beiden in direkter Linie nähert, wählt die Dackeldame einen eleganten Bogen um ihn herum. Als zwei Hunde mit einem Stock im Maul sie unsanft touchieren, macht sie eine knappe bellende Ansage und wendet sich, weil die Hunde sich anstandslos entfernen, ruhig wieder der Wiese zu. Kurze Zeit später begegnen sie dem Cocker, der, offenbar verunsichert durch den Terrier, stehen bleibt. Er hebt beschwichtigend eine Vorderpfote und blickt den Hunden abwartend entgegen. Die Dackeldame erfasst seine Unsicherheit, bleibt demonstrativ in drei Meter Entfernung stehen, blickt weg und wedelt mit dem Schwanz, um den Cocker zu beruhigen.

Benny imitiert dabei in rührender Art genau das, was sie tut. Es ist großartig zu erleben, dass der Terrier, der noch vor einer halben Stunde an einen kleinen Mann mit hohen Absätzen, Goldkettchen und verspiegelter Sonnenbrille erinnerte, nun zum artigen »Handtaschenträger« der Dackeldame mutiert ist und sich offenbar dabei sehr wohl fühlt.

Die Frau, zu der er bisher gehörte, lacht auf, hebt kurz die Schultern und sagt: »Ich bin baff, ehrlich. Er interessiert sich gar nicht mehr für meine Großen. Und überhaupt, so normal habe ich ihn noch nie erlebt.« Dann blickt sie zu dem Besitzer der Dackeldame und sagt: »Kurt, kann es sein, dass Benny jetzt gerade sein Zuhause gefunden hat?«

# Das Ende des Kampfes

Den Hund schützt schwarzes Fell von bärenpelzhafter Dichte. Über seiner Nasenwurzel verläuft ein weißer Strich bis hin zur Stirn. Sein muskulöser, großer Körper könnte majestätisch wirken, wäre da nicht der steife Gang, mit dem der Hund im Zwinger auf und ab läuft. Die Körperspannung und sein starrer Blick zeigen an, dass er jeden Moment explodieren kann.

»Seit wann und warum lebt er im Zwinger?«, frage ich den Mann, der mit verschränkten Armen im Hintergrund steht.

Er wendet mir betont langsam sein Gesicht zu und schenkt mir einen Blick, der abschätziger kaum sein könnte. »Weil hier alle Hunde wie Hunde leben und nicht wie Püppchen in der Handtasche. Deshalb isser im Zwinger.« Dabei weist er auf drei Schäferhunde, die in weiteren Zwingern untergebracht sind. »Aber der is kein Hund, der is der Deuwel. So was hab ich noch nich erlebt«, fügt er mit einer wegwerfenden Handbewegung hinzu. »Wenn er ihn nicht mitnimmt«, er weist auf den jungen Mann neben mir, »dann wartet der Förster schon auf ihn.« Er simuliert mit dem Zeigefinger die Bedienung des Abzuges an einer Schusswaffe. Der junge Mann, der mich hierhergerufen hat, verzieht bei dieser Aussage unwillkürlich das Gesicht.

»Ich habe nicht das Gefühl, dass Sie über Hundehaltung diskutieren möchten, aber einen Akita in einem Zwinger zu halten ist ein Unding«, wende ich mich wieder an den Hofbesitzer.

Der Mann, der die Daumen über den Gürtel hängen lässt wie ein Cowboy, sagt: »So einen Quatsch können Sie in Ihren hochtrabenden Büchern schreiben, aber nicht mir verkaufen. Das Vieh hier war von Anfang an so, und wie Sie ja sicher wissen, ist in der amerikanischen Variante der Kreuzung ein Schäferhund mit im Spiel. Und meine Schäfis parieren aufs Wort, und zwar alle und schon immer. Ich mache das immerhin seit zwanzig Jahren.« Fest aufstampfend geht er zu einem der Zwinger und öffnet ihn. Ein Schäferhund huscht in geduckter Haltung heraus und läuft mit unsicheren Schwanzwedlern beschwichtigend um den Mann herum. Der Mann nimmt eine breitbeinige Haltung ein und blafft: »Sitz!«

Der Schäferhund fällt übereifrig und vor Aufregung zitternd in eine liegende Position. Bevor er seinen Irrtum korrigieren kann, holt der Mann mit dem Fuß aus und fegt dem Hund damit hart unter das Hinterteil. »Siiitz!!!« Ein cholerisches Rot färbt jetzt sein Gesicht. Der Schäferhund schnellt mit geducktem Kopf in die sitzende Position, und seine Pupillen weiten sich angstvoll, offenbar in Erwartung weiterer Korrekturen.

»So läuft das«, sagt der Mann und greift mit den Daumen wieder in seinen Gürtel. »Ich habe von Ihrem Hokuspokus gehört. Da kommen Sie mal in einen Schäferhunde-Verein. Schäferhunde brauchen eine harte Hand und keinen Kokolores.«

Tatsächlich wird ein solcher Umgang mit Hunden, wie ihn der Mann beschreibt und »pflegt«, noch häufig für selbstverständlich gehalten, und viele Menschen sind von seiner Richtigkeit absolut überzeugt. Tierquälerei ist zwar seit einiger Zeit endlich auch nach dem Gesetz verboten, fällt jedoch durch den Rost menschlicher Bewertung, wenn sie zu einer Methode der Hundeerziehung deklariert wird. Unter deren Deckmantel verbergen sich Handlungen wie Anschreien, Schlagen, Treten, der Einsatz von Elektroschockgeräten, Isolationshaft, Würgen und andere Willkür. Was mich daran nicht nur schockiert, sondern auch ehrlich verwundert, ist, dass dieselben Methoden, bei Menschen angewandt, anderen Begriffen zugeordnet werden. Diese heißen Misshandlung und Folter.

Wie wir Menschen jemals auf die Idee kommen konnten, dass sie für die Hundeerziehung angebracht sind, sagt leider viel über uns und unsere Haltung Tieren gegenüber aus.

»Bei Fuß!« Der Mann führt mit dem Schäferhund, offenbar in Erwartung meiner Bewunderung, ungebeten weitere Kommandos vor. »Platz.« »Bleib.«

»Ich würde jetzt gern den Akita kennenlernen«, sage ich bemüht sachlich, um das Ganze so rasch wie möglich zu beenden.

»Alles klar«, sagt der Mann und winkt ab. »War zu erwarten, dass Ihnen nich gefällt, wenn der Hund auf Kommandos hört.« Er bringt den Schäferhund in den Zwinger zurück und schnaubt verächtlich durch die Nase. »Also, kommen wir zum Punkt«, wendet er sich an den jungen Mann. »Ihr könnt den Deuwel gern rausholen.« Er verschränkt die Arme vor der Brust und blickt grinsend von uns zu dem Akita. »Schafft ihr eh nich. Ich hab ihn mir mehrfach am Stachelhalsband über die Schulter gehängt und bin mit ihm so über den ganzen Hof gelaufen. Der wäre lieber gestorben, als aufzugeben. Er hat zwar nur noch geröchelt, hat aber sofort wieder angegriffen, als er auf dem Boden war.«

Der junge Mann sieht mich mit weit aufgerissenen Augen an und senkt dann beschämt sein sommersprossiges, breites Gesicht, als wäre er an der Handlung des Mannes beteiligt gewesen, nur weil er im selben Dorf wohnt.

»Kann ich allein auf dem Gelände sein, wenn ich zu dem Hund hineingehe?«, frage ich, weil ich befürchte, dass der ohnehin wütende Akita sonst zusätzlich noch auf die explosive Stimmung im Hof reagiert.

»In – meinem – eigenen – Hof – bleib – ich – wo – ich – will.« Die Worte fallen aus dem Mund des Mannes wie frisch geschlagene Holzscheite von einem Hackklotz.

Er lehnt sich an einen der hinteren Zwinger und beobachtet mich mit geringschätzig herabgezogenen Mundwinkeln.

Für einen kurzen Moment frage ich mich selbst, warum ich im Begriff bin, zu einem bissigen Akita in den Zwinger zu gehen. Daran merke ich, dass die negative Energie des Mannes bereits auf mich übergeht.

Während ich zu meinem Auto gehe, um mir noch eine Jacke überzuziehen, atme ich mehrfach tief durch. Normalerweise gelingt es mir dadurch, meine eigene Anspannung loszuwerden. Nichts ist schlimmer als eigene Aufregung, wenn man sich einem aufgebrachten Hund nähert. Heute gelingt es mir jedoch nicht, sie abzuschütteln. Deshalb greife ich auf ein einfaches Mittel zurück, um mich von meiner Aufregung zu befreien: Ich verwende meine Vorstellungskraft.

Dabei stelle ich mir den Akita so vor, wie er einmal gewesen sein könnte, bevor ihn ein Mensch in seiner Natur störte und aus dem Gleichgewicht brachte. Während ich auf den Zwinger zugehe, sehe ich ihn in meiner Fantasie mit weiten Schritten über eine Wiese laufen. Sein Maul ist gelöst und halb geöffnet. Seine dreieckigen, dunklen Augen leuchten vor Freude. Seine Spitzohren stehen aufrecht und die Rute liegt buschig gerollt und entspannt auf seinem Rücken.

Ich trete seitwärts an seinen Zwinger heran und gehe in die Hocke. Im gleichen Moment wirft der Akita ohne Warnlaut seine Breitseite gegen die Gitterstäbe und versucht durch sie hindurch, mich zu beißen.

Geschützt durch die Begrenzung halte ich an meiner Fantasie fest, um weder Angst noch Abwehr in mir entstehen zu lassen. Ich stelle mir vor, mit ihm gemeinsam über ein weites Sommerfeld zu laufen und spüre die Wärme, die vom Boden ausgeht. Das fühlt sich sehr nach Geborgenheit an.

Der Akita beißt jetzt, offenbar, weil er mich nicht erreichen kann, im Übersprung in die Gitterstäbe. Mit einem kurzen Seitenblick sehe ich, dass einige seiner Zähne bereits vor längerer Zeit abgebrochen sind. Weil er auch durch das Beißen seine Wut nicht loswerden kann, beginnt er, mit den Vorderpfoten wie rasend auf dem Boden zu kratzen. Die ausgehöhlten länglichen Spuren im Beton zeigen, dass auch dies nicht sein erster Versuch ist, dem Gefängnis zu entkommen. Seine Ohnmacht berührt mich in diesem Augenblick so gewaltig, dass mir die Luft wegbleibt. »Ich darf nicht in meiner eigenen Geschichte verschwinden!«, denke ich und atme mehrfach tief durch. »Meine eigene Ohnmacht liegt lange zurück! Ich kann jetzt handeln!«

Ich bekomme wieder Luft und kann mir mit einem

neuen Fantasiebild weiterhelfen. Ich sehe den Akita nach Feldmäusen graben. Sein Kopf ist in der warmen Erde verschwunden. Sein Hinterteil zuckt leidenschaftlich hin und her. Sein stoßartiges Schnaufen dringt abgedämpft durch das Erdreich nach oben. Der ganze Hund strahlt animalische Freude aus.

Die plötzliche Stille überrascht mich, und ich werfe einen kurzen Seitenblick in den Zwinger. Der Akita steht stark hechelnd, aber ruhig da und blickt mich an. Ein leises Knurren ist zu hören. Er informiert mich deutlich darüber, dass hier sein Territorium beginnt und ich ein unerwünschter Gast bin. Dennoch atme ich befreit aus, denn immerhin ist er von seinen tonlosen Angriffen zu einer Kommunikation mit mir übergegangen. Das ist ein großer Fortschritt.

Ich entferne mich einen Meter, um ihm zu zeigen, dass ich auf sein angemessenes Verhalten reagiere und bereit bin, seine Warnung zu respektieren. Der Akita hört auf zu knurren, und sein Gesichtsausdruck wirkt deutlich verdutzt. Er setzt sich hin, und ich höre nur noch sein lautes Hecheln. Während ich hockend mit ein paar Grashalmen spiele, weicht die Spannung spürbar. Ich entferne mich mehrfach von seinem Zwinger und nähere mich beiläufig wieder an. Der Akita beobachtet mich, bleibt jedoch ruhig.

»Darf ich das nehmen?«, frage ich den Hofbesitzer, als ich bei einem Gang über den Hof einen großen Plastikdeckel, vielleicht von einem Farbeimer, auf dem Boden finde. Dieser hebt die Hände, um seine Leidenschaftslosigkeit zu diesem Thema auszudrücken. Ich nehme den Deckel, dessen Durchmesser vielleicht vierzig Zentimeter beträgt, und klemme ihn mir unter die Achsel. Aus den Augenwinkeln heraus sehe ich, wie der Akita sofort den Kopf hebt, um misstrauisch das neue Objekt zu betrachten. Deshalb führe ich den Deckel spazieren, bis der Akita sich wieder entspannt hat. Im Hintergrund höre ich den Hofbesitzer mehrfach genervt Luft ausstoßen, womit er mir offenbar das baldige Ende seiner Geduld kundtun möchte. Etwas in mir hat sich jedoch bereits so mit dem Hund verbunden, dass diese Unmutsäußerungen mich nicht mehr beeinflussen.

Der Akita hat sich jetzt hingelegt und toleriert meine Anwesenheit dicht neben dem Zwinger. Entschlossen trete ich nun rückwärts an die Tür heran und setze mich. Mein Rücken berührt fast das Gitter. Stille. Ich lausche auf den Atem des Hundes, der nur leise zu vernehmen ist. Dann höre ich das Klacken von Krallen auf dem Betonboden. Plötzlich ein warmer Luftstoß in meinen Haaren. Seine Nase bewegt sich neugierig schnüffelnd hinter meinem Kopf. Mir wird heiß vor Freude. Neugier ist in Verbindung mit Wut nicht möglich.

Die Erkundung des Akitas ist gründlich und dauert lange. Ich drehe mich langsam zur Seite, damit er die intensiveren Gerüche, die aus Mund- und Genitalbereich kommen, besser wahrnehmen kann. Er toleriert meine Bewegung in seine Richtung. Nach der langen Leibesvisitation tut er etwas Wunderbares. Er geht weg. Mit seinem Zurückweichen auf eine andere Seite des Zwingers gibt er mir sein Territorium frei.

Ich vertraue vollständig meinem Instinkt. Würde ich darüber nachdenken, ob der Akita mich trotz Freigabe seines Territoriums nicht doch beißt, würde er sicher genau das tun, weil ich dieses Bild erzeuge. Ich habe jetzt vollstes Vertrauen zu dem Hund, denn ich bin bereits in einer Verfassung, in der ich nicht mehr nachdenken kann. Als menschliches Tier mit einem anderen Tier instinktiv sein zu dürfen erzeugt ein überwältigendes Gefühl von natürlicher Kraft. Ich bin mir ganz sicher, dass auch der Hund diese Verbindung spürt und mein Eindringen nicht missverstehen wird.

Mit dem Plastikdeckel unter der Achselhöhle öffne ich die Zwingertür und gehe rückwärts hinein, um meine friedlichen Absichten und meinen Respekt auszudrücken. Ich schließe die Tür und setze mich seitlich abgewandt auf den Boden. Der Akita vergrößert die Distanz zwischen uns noch ein weiteres Mal und weicht einen Schritt zurück. Dann setzt er sich ebenfalls.

Ich atme erleichtert aus und blicke voll Freude zu dem jungen Mann, der darauf wartet, den Hund mitzunehmen. Am Telefon hatte er aufgeregt erzählt, wie er in der Kneipe davon erfuhr, dass der Hund erschossen werden solle. Jetzt lächelt auch er erfreut und ein wenig ungläubig. Mir fällt auf, dass er mit seinem gutmütigen Gesichtsausdruck und dem kräftigen Körperbau an den typischen Bauernsohn aus einem russischen Märchen erinnert. Ein Pjotr, der auszieht, um den bösen Drachen zu besiegen, könnte so aussehen. Warum also sollte er nicht diesen Hund retten, der sein Herz berührt hat?

»So, jetzt reicht's mit dem Kaffeekränzchen!«, donnert es plötzlich aus der Ecke des Hofbesitzers. »Jetzt nehmt das Vieh und verschwindet!« Wie in Zeitlupe nehme ich wahr, dass der Mann sich vom Gitter abstößt, an das er sich gelehnt hatte, und in drohender Haltung auf den Zwinger zusteuert. Zeitgleich schießt der Akita neben mir hoch und springt gegen die Zwingertür, dem Mann entgegen.

Dann mache ich einen Fehler. »Bleiben Sie zurück!«, rufe ich dem Mann laut zu, um ihn zu stoppen. Ich bewege mich dabei in seine Richtung und damit auch hinter den Akita. Der Hund missversteht dies offenbar als Drohung gegen sich selbst, denn es veranlasst ihn, sich umzudrehen und seine Wut gegen mich zu richten. Er stößt mit geöffnetem Maul hart zu und trifft mich wie mit Boxhieben immer wieder an der Schulter und am Oberarm. Er setzt keine Zähne ein, nur die Kraft des Zustoßens. Ich bringe den Plastikdeckel zwischen mich und die Stöße, was mir mehr Sicherheit gibt. Dann nehme ich seine Hiebe hin und setze ihnen nichts entgegen als Ruhe und Friedfertigkeit.

Es ist spürbar, dass er bereits so viele Maßregelungen erfahren hat, dass er momentan nicht in der Lage wäre, Unterschiede wahrzunehmen, wenn ich ihn abwehren wollte. Er wirkt durch die entwürdigenden Versuche des Mannes, ihn zu unterwerfen, so verzweifelt, dass ich ihm seine Wut erlaube. Jeder, der einen Akita kennt, weiß, dass man diese Hunde nicht unterwerfen kann. Ein Hund, der Samurais begleitete und Bären mutig verfolgt und stellt, kann sich nicht unterwerfen. Er braucht einen Menschen, der ihn respektiert und mit ihm kooperiert, sodass er sich ihm als Partner anvertrauen kann.

Der große schwarze Akita umkreist mich jetzt nach seiner Wutattacke und atmet heftig. Ab und zu stößt er mit wenig Kraftaufwand noch probeweise nach mir, um meine Reaktion zu testen. Ich wende mich beschwichtigend ab und brumme Signale der Anerkennung, wenn er in seinem Wüten kurz innehält. »Guuut.«

»Siehste, den schaffst du auch nicht«, ruft der Hofbesitzer und will wieder provozierend herantreten. Da greift der junge Mann überraschend ein und stellt sich ihm in den Weg.

»Lass es jetzt gut sein, Kurt. Wir nehmen den Hund mit wie abgemacht, und du lass ihm jetzt seinen Frieden. So musst du nicht sein, das ist nicht gut.«

Der Hofbesitzer sieht den jungen Mann verdutzt an.

»Na, da schau her, der Vladi spricht. Bist doch sonst so stumm. Meinethalben geht jetzt mit dem Vieh. Ich will einfach meine Ruhe vor so was haben.« Er zeigt unbestimmt in meine und die Richtung des Hundes und zieht sich wieder zu dem Zwinger des Schäferhundes zurück.

Der Akita hört augenblicklich auf, in seine Richtung zu starren. »Guuut«, brumme ich und lächle erleichtert, als er mich ansieht. In diesem Moment geschieht etwas, was mit Worten kaum zu erklären ist. Ich spüre ganz deutlich, dass gerade die provozierende Annäherung des Mannes wichtig war, um dem Hund etwas deutlich zu machen. Durch seinen Wutausbruch, den er gegen mich richten musste, scheint er verstanden zu haben, dass an mir nichts zu finden ist, wogegen er kämpfen könnte oder müsste. Tatsächlich legt er sich kurz darauf neben mich und den Kopf auf dem Boden ab.

Ich habe jetzt das dringende Bedürfnis, den Zwinger und das Grundstück so schnell wie möglich zu verlassen. Sanft berühre ich den Hund mit der äußeren Handfläche an der Seite. Sein Fell ist verklebt und starrt vor Dreck. Er lässt die Berührung zu und hebt schnüffelnd die Nase in meine Richtung. Ich sehe das Stachelhalsband an seinem Hals, und mir ist klar, dass ich einen Vertrauensverlust des

Hundes riskiere, wenn ich eine Leine dort anzulegen versuche. So löse ich langsam eine einfache Leine, die ich um den Bauch trage, und ziehe das Ende mit dem Karabiner durch die Handschlaufe, sodass sich eine Schlinge bildet. »Es ist alles gut«, sage ich sanft, aber mit fester Stimme, während ich die Schlaufe mehrfach seine Wange berühren lasse wie eine Liebkosung, und sie dann beiläufig um seinen Hals fallen lasse. Der Hund verhält sich völlig ruhig, und es ist, als ob ein ganz anderes Band als diese Leine uns nun verbindet.

»Komm, der Kampf ist zu Ende.«

Ich öffne die Zwingertür und gehe zügig mit dem Hund hinaus auf mein Auto zu. »Na dann viel Glück, du Miststück!«, zischt uns der Mann hinterher und lässt offen, wen von uns beiden er damit meint.

Der gerade vorher noch so aufgebrachte Hund dreht sich nicht nach ihm um. Er begleitet mich zu meinem Auto und springt sofort hinein, als ich hinten die Klappe öffne. Bevor ich sie schließe, erhasche ich einen Blick aus den Augen des Akitas, den ich von ihm nach so kurzer Zeit noch nicht erwartet hätte. Er drückt Zustimmung aus.

»Der Kurt hatte halt schon immer Schäferhunde«, erklärt der junge Mann auf meinem Beifahrersitz, während wir durch das Dorf zu seinem Haus fahren. »Der hier«, er zeigt hinter sich in die Richtung des Akitas, »hat ihn ganz schön verrückt gemacht. Sie passen einfach nicht zusammen.«

»Ich weiß nicht, warum immer angenommen wird, dass es bei Schäferhunden erlaubt ist, grob und laut zu sein«, sage ich ungehalten. »Sie haben ja selbst gesehen, dass auch der Schäferhund sein Bestes gegeben hat und trotzdem angeschrien und getreten wurde.«

»Aber er hat ›Platz‹ statt ›Sitz‹ gemacht.«

Ungläubig blicke ich in das sommersprossige Gesicht des jungen Mannes.

»Und das ist ein Verbrechen?«, frage ich bemüht ruhig.

Er hebt hilflos die Schultern, und ich sehe ihm an, dass ihm die Unbedachtheit leidtut.

»Der Hund kam bereits ängstlich aus dem Zwinger«, ergänze ich freundlicher. »Wenn Sie Angst hätten, etwas falsch zu machen, weil Sie dann jedes Mal Tritte bekämen, und ich schrie Sie an: ›17 x 6!?‹, würde Ihnen die Lösung dann sofort einfallen?«

Der junge Mann blickt mich entsetzt an.

»Darüber habe ich so noch nie nachgedacht«, sagt er betroffen und reibt die Handflächen aneinander.

»Man kennt es bei uns nur so. Wir haben hier auch noch einen Rottweilerverein, da wird auch nur geschrien«, fügt er erklärend hinzu.

»Ich selbst könnte gar nicht so sein zu einem Tier und dachte deshalb auch, dass ich mich nicht für einen Hund eigne.«

Ich sehe ihn erstaunt an. »Und warum wollen Sie dann den Akita retten?«, frage ich.

»Na, wie ich am Telefon sagte, er sollte umgebracht werden«, antwortet der junge Mann.

»Ja, aber warum interessiert er Sie?« Ich schaue kurz zu ihm hinüber.

Er blickt mit halb geöffnetem Mund nach vorn und denkt nach. Mit einem Räuspern sagt er dann: »Mein Großvater hatte einen ähnlichen Hund, Timo. Er hat alle angeknurrt, die ihn berühren wollten, aber er war dennoch mein Freund.

Ein guter Freund. Er hat mich überallhin begleitet. Er war eben nur kein Hund zum Anfassen. Als ich eines Tages aus der Schule kam, war er tot. Sie haben ihn erschossen, weil ein Nachbar ihn streicheln wollte, obwohl er wusste, dass es nicht gut ist, das zu tun. Timo hatte ihn gewarnt und angeknurrt, und der Nachbar hat deshalb ein riesiges Fass aufgemacht. Großvater musste Timo erschießen. Ich kann nicht vergessen, dass ich nicht da war, während das passierte.« Sein Adamsapfel macht einen heftigen Sprung nach oben und wieder zurück.

»Hat er auch gebissen?«, frage ich. Der junge Mann streckt abwehrend die Hände von sich. »Nein! Er hat nur gedroht oder ist ausgewichen.«

»Okay. Ich verstehe jetzt, warum Sie dem Hund helfen wollen«, sage ich und muss nun auch schlucken.

Das Dorf mit seinen Höfen zieht an uns vorbei. Niemand ist auf der Straße zu sehen. Wir schweigen.

Nach einiger Zeit sage ich: »Es ist nur so, dass das mit dem Akita wieder passieren könnte, wenn er sich ablehnend verhält. Es gibt nicht viele Menschen, die es als das Recht eines Tieres ansehen, keinen Kontakt zu fremden Menschen zu wollen. Dabei ist das ja völlig normal für alle Rassen, denen wir ein ausgeprägtes Schutzverhalten angezüchtet haben. Außerdem gibt es auch Hunde, die selbst von ihrem menschlichen Partner keine Streicheleinheiten wünschen. Viele Menschen sind jedoch noch weit davon entfernt, in Betracht zu ziehen, dass es nicht immer Unterwerfung sein muss, die einen Hund zum guten Partner macht, und dass ein Hund nicht automatisch gefährlich ist, wenn er sich in angemessener Weise eine Berührung verbittet. Dieser Hund hier«, ich nicke nach hinten, »hätte mich schwer verletzen oder töten können. Er hat es nicht getan, weil ich ihm Respekt erwiesen habe, und er könnte einem Menschen ganz sicher viel geben, wenn man ihn lässt und ihn nicht unterwerfen will.«

Über das breite Gesicht des jungen Mannes huscht ein erfreutes Lächeln. »Ihm wird keiner mehr was tun. Da können Sie sich drauf verlassen«, sagt er schlicht.

An seinem Hof angekommen öffne ich die Heckklappe des Wagens. Der junge Mann greift nach der Leine, die noch immer als Schlaufe um den Hals des Hundes liegt. Der Akita hat ganz offenbar gedöst und sieht sich blinzelnd um.

»Langsam«, sage ich, als der junge Mann an der Leine ziehen will. »Lassen Sie ihn selbst herausspringen. Laden Sie ihn einfach ein, es zu tun. Es sind diese Feinheiten, die wichtig sind bei einem Hund, der sich jedem Druck verweigert. Bitten Sie ihn einfach und verlangen Sie nur, was wirklich mit Sinn erfüllt ist und keine leere Handlung darstellt. Genaus diesen Unterschied spürt er.«

Der junge Mann blickt den Hund an und macht eine einladende Geste in Richtung Boden. »Bitte.« Der Akita gähnt und legt den Kopf wieder ab. Der junge Mann zieht an der Leine. Der Hund hebt den Kopf und blickt alarmiert. »Nicht ziehen!«, ermahne ich noch einmal mit Nachdruck. Der Mann lässt die Leine los und tritt einen Schritt zur Seite.

»Er hat die Einladung noch nicht angenommen, also lassen Sie uns einfach das Hoftor schließen. Er soll selbst entscheiden, wann er aussteigen will. Er hat einiges hinter sich, und wir müssen ihn gerade zu nichts bewegen.«

Während der junge Mann das Außentor schließt, sehe ich mich auf seinem Hof um. Ein Mähdrescher, ein Traktor …

»Sieht nach einem Getreidebauern aus«, rufe ich ihm lachend zu. Er hebt bestätigend den Daumen und zieht stolz die Brauen nach oben.

Auf einer Hofbank sitzend erzählt er mir, dass er seit dem Tod seiner Eltern hier ganz allein wirtschaftet und es schwierig ist, eine Frau zu finden, die die Liebe zur Landwirtschaft teilt und bereit ist, mit ihm zu arbeiten. Er reibt sich dabei verlegen die Hände und sagt abschließend: »Aber jetzt habe ich zumindest den Timur hier.« Ich blicke ihn fragend an, bis ich begreife, dass er den Akita meint, der offenbar bereits einen Namen erhalten hat.

Wie auf ein Stichwort erscheint der Hund in diesem Moment auf der umgelegten Heckklappe meines Autos. Er sieht sich um. Sein Anblick hat etwas von der majestätischen Schönheit eines Raubtieres auf einem Felsvorsprung. Alles Steife und Spannungsgeladene ist von ihm abgefallen. Lässig springt er herunter und beginnt schnüffelnd über den Hof zu streifen.

»Soll ich ihm zum Anlocken etwas zu fressen geben?«, fragt Vladimir, dem ich bei diesem persönlichen Gespräch das Du anboten habe.

»Lass ihn ruhig erst einmal ankommen«, empfehle ich ihm. »Du kannst warten, bis er zu dir Kontakt aufnimmt, und musst ihn nicht bestechen. Bestechung durchschaut er sofort als Schwäche. Du müsstest ihn ja führen können, wenn er bei dir bleiben soll.«

»Aber du sagtest doch, dass sich ein Akita nicht führen lässt«, wendet Vladimir ein.

»Ich sagte, dass man ihn nicht unterwerfen kann. Führen kann man ihn schon, wenn er sich dir anvertraut und sich entschließt, mit dir zu kooperieren.«

»Was muss ich denn dazu tun?« Vladimir steht auf.

»Ich würde dir empfehlen, ihn in Ruhe zu lassen, bis er von selbst kommt. Dann würde ich die wichtigsten Regeln einführen, die ihr in eurem persönlichen Alltag braucht und dabei bleiben. Außerhalb dieser Regeln würde ich ihm so viel Freiraum wie möglich lassen.«

Der Hund ist jetzt in unserer Nähe und untersucht einen Stapel Holzscheite. Seine Prüfung beendet er mit dem Heben des Beines. Er hat bereits viele Stellen im Hof markiert. Zwischendurch schüttelt er sich immer wieder, als wollte er den alten Stress damit endgültig loswerden. Dann springt er mit einem kraftvollen Satz auf das flache Vordach eines Schuppens. Dort lässt er sich laut ausatmend nieder und beginnt, Körperpflege zu betreiben. In diesem Moment wirkt er, als würde er schon sehr lange hier leben.

»Sieht gut aus«, sage ich laut und weise in die Richtung des Hundes.

Der junge Mann strahlt. »Ich glaube auch! Ich habe das Gefühl, er ist hier schon angekommen.« Lachend fügt er hinzu: »Die Frage ist nur, ob er auch mich mit dazunimmt.«

Am nächsten Morgen fahre ich wieder zu seinem Hof. »Guten Morgen, ihr zwei«, begrüße ich Vladimir am Hoftor und sehe mich vergeblich nach Timur um.

»Wo ist er denn?«, frage ich beunruhigt.

»Auf seinem Platz«, verkündet Vladimir nicht ohne Stolz und gibt mir ein Zeichen, ihm zu folgen.

Im Haus betrete ich einen langen Flur mit grauen Steinfliesen und gehe hinter Vladimir in eine große Küche.

Der Akita liegt halb schlafend auf dem Boden auf einem braunen Polsterkissen und blinzelt, als wir hereinkommen.

»Ha, das gibt es ja nicht«, sage ich staunend.

»Wenn du wüsstest«, bricht es aus Vladimir heraus.

»Ich habe gestern ja die Haustür offen gelassen, damit er zu jeder Zeit herein kann. Natürlich habe ich nicht erwartet, dass er es tut, und so habe ich mich mächtig erschrocken, als ich am späten Abend von der Küche in mein Wohnzimmer ging und der Hund ausgestreckt auf meinem Sofa lag. Das war ein Anblick, sag ich dir.«

»Auf deinem Sofa?«, frage ich erstaunt.

»Ja, er ist ins Haus gekommen und hat sich den besten Platz ausgesucht«, sagt er lachend. »Ich hab aber dran gedacht, was du gesagt hast, und überlegt, wie ich mich jetzt verhalte. Dann bin ich zu dem Schluss gekommen, dass es eine gute Regel ist, wenn er nicht in der Stube auf meinem Sofa liegt, weil ich dann keinen Platz mehr hätte. Da ich aber mit ihm kooperieren wollte, nahm ich das Polster, auf dem er lag, und brachte es in die Küche. Ich habe ihn dabei ruhig an der Leine mitgeführt, und er hat sich anstandslos draufgelegt. Ist das nicht ein Ding?«

Mein Mund öffnet sich vor Bewunderung. Ich weiß nicht, ob sich Vladimir überhaupt bewusst ist, was er da getan hat. Mit spielerischer Leichtigkeit hat er gemeistert, was ich mir selbst hart erarbeiten musste – den respektvollen Umgang mit einem souveränen Leithund. Auch wenn jetzt ein Sofapolster weniger auf seiner Couch liegt.

# SehnSUCHT

## Aus Versehen ein Junkie

Nur ungern verlasse ich an diesem verregneten Samstag im Dezember 2011 mein warmes Haus. Mich erwartet ein schwarzer Cocker Spaniel, den sein junges Frauchen am Telefon als eigensinnig beschrieb. Ich muss gestehen, dass ich von dem folgenden Training nicht viel mehr erinnere, als dass der Cocker jung und fantasievoll und das Frauchen recht ahnungslos war, und dass alles ein gutes Ende fand – denn ein anderes Erlebnis überdeckt das Geschehen.

Ich stehe mit der jungen Frau gerade in deren winzigem Vorgarten und trainiere mit ihr und dem Cocker, als ich immer wieder von Hundewinseln, Bellen und Fiepen abgelenkt werde. Es müssen viele Hunde sein, und den Tönen nach zu urteilen, sind es sehr junge Tiere. »Ist hier ein Tierheim?« Ich blicke ungläubig auf das privat wirkende Gelände nebenan, von dem die Geräusche kommen.

»Nein, eine Welpen-Notstelle vom Tierschutz«, antwortet die junge Frau.

»Aha«, sage ich, denn nach dieser Erklärung hat sich der Fall für mich erledigt. Obwohl ich durch den Tod meines Rüden Viktor einen »Platz im Rudel frei hätte«, sind Welpen für mich keine Option. Natürlich rühren diese jungen Wesen mein Herz, aber ich bin immer der Meinung gewesen, dass sie genau deshalb auch viele andere Herzen rühren werden. Ich nehme deshalb lieber einen erwachsenen Hund auf, der genau das braucht, was ich zu geben habe.

Ich trainiere weiter mit dem Cocker, und nach ungefähr einer halben Stunde fügt die Frau hinzu: »Gestern sind sieben Welpen aus Moskau eingetroffen. Sicher machen die so einen Krach.«

Ich spüre es ganz deutlich kommen. Moskau. Das Wort hallt in mir mit Wehmut wider. Es weckt angenehme Gefühle. Dann steigt etwas ganz langsam in mir auf. Ich drücke es wieder herunter. Trainiere weiter. Es steigt wieder hoch. Ich trainiere weiter. »Kann ich sie mal sehen?«, platzt es dann aus mir heraus, und ich lausche meiner eigenen Stimme hinterher.

»Na klar! Wollen Sie einen haben? Das würde die Frau B. ganz sicher sehr freuen!«, sagt die junge Frau eifrig und führt mich zum Nachbargrundstück.

Will ich einen haben? Nein. Ich bin in Trauer mit meinem Hund Viktor. Ich will auch keinen Welpen. Ich will noch gar nichts Neues. Mit zittrigen Händen stehe ich vor dem Gartentor und sehe, als sich die Haustür öffnet, wie unter einem Vergrößerungsglas viele kleine Hunde auf mich zukommen.

»Hallo, Frau B.«, sagt meine Kundin, »das ist Frau Nowak, die Hundetrainerin, kann sie mal die Welpen sehen? Vielleicht nimmt sie einen.«

»Ach. Kommen Sie rein. Da sind die Rabauken, ein paar von ihnen gehen jedoch bald schon in ein Zuhause.« Die Frau weist auf die Welpen, von denen sich zwei sofort auf meine Schnürsenkel stürzen.

Es ist eine seltsame Taubheit in mir, in die sich zugleich Aufregung mischt.

»Ich würde gern die Moskauer Hunde sehen«, höre ich mich sagen.

»Oh, die sind gerade erst angekommen, die sind noch sehr aufgeregt«, schränkt Frau B. ein.

Ich blicke sie wohl so reglos an, dass sie sagt: »Na ja, anschauen können Sie sie«, und mich zu einem anderen Zimmer im Haus führt.

Die Tür ist gelb gestrichen, und der Lack ist alt. In meiner Wahrnehmung öffnet sie sich in Zeitlupe. Zwischen mehreren völlig verschiedenartigen Welpen sehe ich einen schwarzweißen »Miniatur-Pandabär« durchs Bild flitzen. »Ist das ein Rüde?«, höre ich mich wieder wie ferngesteuert fragen und zeige auf ihn.

»Der da?« Die Hausbesitzerin überlegt eine Sekunde. »Ja, das ist der Kleine, der neben seiner toten Mama und seinem toten Geschwisterchen in Moskau auf der Straße gefunden wurde.«

Ich gehe auf den schwarzweißen Hund zu, während die anderen Welpen fiepend an uns hochsteigen. Er kommt langsam zu mir, und seine dunklen Knopfaugen blicken mich ernst an. Als ich in die Hocke gehe, setzt er sich vertrauensvoll neben mich, dann atmet er tief aus.

»Ich bin dann mal mutig und nehme ihn.« Ich lausche diesen Worten nach, und sie kommen mir seltsam vor. Da ich die Stimme in mir jedoch kenne, weil sie mich schon öfter in wichtigen Lebenssituationen lenkte, vertraue ich ihr.

Nachdem ich den Vertrag unterschrieben und versichert habe, sofort noch einmal mit ihm zum Tierarzt zu gehen, lege ich den jungen Hund auf meinen Beifahrersitz und schnalle ihn mit einem Geschirr an, das ich von meiner Hündin Tinka dabeihabe. Obwohl er erst drei Monate alt ist, hat er ihre Größe bereits erreicht. Während ich losfahre, lege ich meine rechte Hand schützend über den Welpen. Ein seltsam drangvolles Gefühl kommt in mir auf. Fast wünschte ich mir, dass etwas passieren würde, wovor ich den Kleinen bewahren könnte. Ein mütterlicher Beschützerinstinkt hat, ehe ich mich versehen konnte, von mir Besitz ergriffen. In meinem Auto leben jedoch weder Alligatoren noch tobt darin ein Unwetter.

Nach einer dreiviertel Stunde Fahrt bemerke ich, dass meine Hand immer noch auf dem Hund liegt.

Es regnet wieder, als ich zu Hause ankomme. Meine inzwischen fünfjährige Hündin Frieda und die vierjährige Tinka weichen erstaunt zurück, als der kleine schwarzweiße Kerl neugierig über die Schwelle unserer Haustür springt.

Vorsichtiges Beschnüffeln vonseiten der Großen, begeisterte Spielaufforderungen des Kleinen.

Frieda zieht daraufhin sofort eine Lefze hoch. Sie toleriert ungestüme Annäherungen niemals. Weder bei fremden Hunden noch bei Hunden, die sie kennt. Tatsächlich benötigt sie nur ihren Blick und ein winziges Anheben der Lefze, um einen stürmischen Annäherungsversuch zu unterbrechen. Nur bei sehr hartnäckigen Vertretern der Art »Ach, war ich noch nicht gut genug? Warte, ich kann es besser« greift sie zu einem höchst speziellen Warnlaut – der nicht nur Hunde zusammenfahren lässt, sondern auch deren Besitzer.

»Kraaaah!« In diesem Ton, der tatsächlich dem Laut einer Krähenart ähnelt, schwingt so viel eiserne Entschlossenheit mit, dass jeder halbwegs soziale Hund in seiner Handlungsabsicht einfriert und einen kleinen Respektbogen einplant, wenn er Frieda begegnet. Allerdings ist es wiederum genau Frieda, die eben jenen Hund zum Spiel auffordert, wenn er sich bei mehreren Begegnungen ruhig und respektvoll verhalten hat. Wäre sie eine Frau, würde sie sicher Männer der Art »Küss die Hand, gnä' Frau« bevorzugen. Und das bitte nur aus dreißig Zentimeter Entfernung. Und dann auch mindestens drei Wochen lang aus dieser Distanz.

Und dann kommt plötzlich etwas, womit niemand bei ihr rechnen würde: ein Ausbruch großer Albernheit. Hohes dringliches Fiepen, auf den Brustwarzen kriechen, die Lefzen zu einem riesigen Grinsen nach oben ziehen, wie ein aufgescheuchtes Huhn hin und her springen, von einer Spielaufforderung in die nächste gehen, toben, rennen, sich wälzen. Für zehn Minuten. Danach ist man wieder vornehm. Bis zum nächsten Spiel.

Als der junge schwarzweiße Hund noch einen Versuch unternimmt, an Frieda hochzusteigen, kräht sie ihren Vogellaut und legt ihm entschieden den Fang über die kleine dicke Schnauze. Er wendet sich daraufhin unbekümmert ab und Tinka zu, die nicht nur seiner Größe entspricht, sondern auch sicher als Spielkameradin bestens geeignet ist.

Die Terrier-Dackel-Dame Tinka pflegt ein völlig anderes Begegnungsritual als Frieda. Ihr demonstrativ abgewandter Blick und ein beiläufiges schnüffelndes Umhertappern zeigen deutlich: »Ich, übrigens, bin an fremden Hundebekanntschaften nicht sonderlich interessiert.« Tatsächlich reicht dieses Verhalten fast immer aus, und ein Hund, der sich ihr gerade noch genähert hat, dreht ab, bevor er sie erreicht.

Tinka erweckt den Eindruck, als trüge sie eine Tarnkappe. Diese ist allerdings nur für die Hundewelt bestimmt. Für Menschen trägt sie nach wie vor einen Beleuchtungskegel in sich, damit sie auf keinen Fall übersehen wird, falls gerade jemand einen Hund streicheln will. Aber auch für den Welpen ist Tinka wahrnehmbar, und er gibt sein Bestes, um seinerseits von ihr bemerkt zu werden. Er springt über sie hinweg, auf sie drauf, kriecht unter ihr durch und hebt sie dabei in die Luft.

Jetzt setzt Tinka ihre letzte und ultimative Abwehrtechnik ein: Aus dem Stand heraus hebt sie zackig ein Hinterbein bis in den Spagat, was ihr das Aussehen einer Eiskunstläuferin verleiht. Diese Haltung heißt bei ihr: »Ich mache es dir bequem ranzukommen, jetzt schnüffle schnell und dann ist gut.«

Der junge Hund versteht diese Aussage aber nicht und nimmt Anlauf, um bei diesem tollen Figurenspiel mitzumachen. Er hebt die dicken Vorderpfoten, die bereits jetzt dreimal so groß sind wie Tinkas Pfötchen, geht auf wackeligen Hinterbeinen auf die Hündin zu und kippt auf sie drauf, weil er das Gleichgewicht nicht halten kann. Tinka, die sich durch den hinteren Spagat selbst in einer instabilen Haltung befindet, fällt ebenfalls um.

»Hrrrrrr.« Sie fährt hoch und beißt mit einem kurzen Abwehrschnapper in die Breitseite des Welpen.

Tatsächlich trollt sich der kleine Kerl augenblicklich und entdeckt den großen Standspiegel im Zimmer. Er setzt seine Schnauze auf den potentiell neuen Spielgefährten und fährt mit ihr hin und her. Er fiept bettelnd, blickt neben den Spiegel, blickt hinter den Spiegel, nichts. Auch dieser Hund erweist sich als ungeeignet zum Spielen. Mit einem Ausdruck des Erstaunens dreht er sich zu mir um. Ich hocke mich auf den Boden und locke ihn: »Mitja.«

Obwohl ich Namen wie Valentin, Kolja und Ben in petto habe, mit denen ich gerne einmal einen meiner Hunde ansprechen würde, ist dieser, den ich nie geplant hatte, einfach da.

Mitja wackelt auf seinen dicken Beinchen auf mich zu und legt sich auf die Seite. Ich setze mich auf den Boden, nehme ihn zwischen meine Beine und streichle ihm sanft den Bauch. Meine Hündinnen verstärken dieses Gefühl der Ruhe und Geborgenheit, indem sie sich links und rechts an meine Oberschenkel legen. Zwei Hunde und eine Menschenfrau wachen über den Schlaf eines neuen Familienmitgliedes.

In den kommenden Tagen lernt Mitja unseren Alltag kennen, die Hausregeln und die Regeln bei den Spaziergängen. Dies ist nicht nur für das harmonische Zusammenleben unserer Gruppe notwendig, sondern vor allem auch dafür, ihm ein sicheres Gefühl zu geben. Er muss wissen, wie er sich in seinem neuen Umfeld bewegen kann. Wissen macht stark.

Würden meine Hündinnen und ich ihm nur Zuwendung schenken, bliebe er ohne Informationen über sein neues Leben und damit schwach in sich selbst. Schwäche macht Angst und frustriert. Aus Frustration entstehen Aggressionen. Wenn es keine Grenzen gibt, müssen sie gesucht werden.

Wo beginnen sie? Wie weit kann man gehen? Dominantes Verhalten wird geprobt. Dabei ist es unwichtig, wie alt der Hund ist und welches Wesen er hat, denn die Auslöser für sein Verhalten liegen ja nicht in ihm selbst.

So gibt es Zuwendung, wenn Mitja die Regeln befolgt, und einen Warnlaut, wenn er sie missachtet. Als Konsequenz, wenn er auf einen Warnlaut nicht hört, reichen bei dem jungen Hund ein strenger Blick oder ein zarter Stüber mit dem Finger.

Am dritten Tag entschließt sich Frieda zum Spiel. Sie wirft sich urplötzlich vor dem Welpen auf den Bauch, grinst und schwenkt den Po hin und her, sodass der Kleine erschrocken zurückfährt. Mit großen schwarzen Knopfaugen blickt er sie an, als wäre ein Geist in sie gefahren. Frieda bemerkt ihren Fauxpas und rennt, auffordernd um sich blickend, von ihm weg. Das versteht Mitja sofort. Ein freudiger Ruck geht durch ihn hindurch. Dennoch bremst er sich noch, und sein skeptischer Blick verrät, dass er nicht weiß, ob er einem Irrtum aufsitzt oder seinem Glück trauen darf.

»Jawoll«, ermuntere ich ihn und weise mit dem Blick in Richtung Frieda. Nach diesem Startsignal rennt er, so schnell es die Welpenbeine zulassen, hinter der Hündin her – von nun an viele Male am Tag.

Es ist herrlich, spielenden Hunden zuzusehen. Und es kostet keine Fernsehgebühr.

In der dritten Woche stehe ich im Badezimmer und höre aus der Küche ein seltsames Geräusch. Etwas, das ich noch nie gehört habe in meinem Haus: »Hää, hää, tiii, hää, tii, hääää, hä.« Ich halte beim Zähneputzen inne und lausche. »Tiii, tit, ti, hääh, hä.« Mit Zahnpastaschaum um den Mund gehe ich dem Geräusch nach. Und traue meinen Augen nicht. Während ich mich im Bad fertig gemacht habe, hat jemand Tinka ausgetauscht. An ihrer Stelle liegt jetzt ein täuschend ähnlicher Terrier-Dackel-Mix und – spielt! Mit Mitja. Tarnkappen-Tinka würde niemals mit einem Hund spielen. Hätte ich gewettet. Und die Wette verloren. Ganz offenbar ist ihr nur noch nie ein Hund lange genug auf die Nerven gegangen. Mitja hat kein Problem damit, genau das zu tun.

Am Abend bin ich dabei, als ein solches Spiel wieder entsteht. Der Welpe legt sich neben Tinka und beginnt, genussvoll und sanft in sie hineinzubeißen. Sie macht instinktiv »Rrrrrhhhh« und wehrt Mitja mit einem Schnappen ab. Der macht unbeeindruckt weiter. Sie wehrt wieder ab. Mitja lässt sich nicht beirren. Ein schöneres Kauwerkzeug als Tinka scheint es nicht zu geben. In diesem Moment verändert sich Tinkas Blick.

Jeder kennt Gasherde mit eingebautem Zünder. Mitunter ist Dreck auf den Zünder gekommen, und die Flamme geht dadurch nicht mehr an. So hat das Überleben in Griechenland – zuerst auf einer Müllhalde, dann in einem Tierheim unter vielen größeren Hunden – sicher auch bei Tinka seine Spuren hinterlassen. Das neue Leben hier hat nun zwar Tinkas »Zünder« wieder reinigen können, aber wirklich auslösen kann ihn nur ein Hund. Einer wie Mitja. Der es lange genug probiert. Und nicht aufgibt.

In diesem Moment jedenfalls ist bereits zu sehen, dass Tinka an ihrem Abwehrverhalten Gefallen findet. Sie hat sich bequem auf die Seite gelegt und beißt spielerisch zurück. Dann springt sie auf, macht einen Wrestling-Stoß in Mitjas Seite und knurrt theatralisch: »Chrar, chraaaar.« Ihr Blick könnte dabei ausdrücken: »Ich weiß nicht, warum ich das tue, aber irgendwie macht es Spaß.« Es ist das erste Mal, seit sie bei mir ist, dass der Terrier in ihr deutlich zum Vorschein kommt. Sie kämpft lautstark für zehn, auch wenn ein halber Hund für den Welpen ausgereicht hätte. Ihr Blick leuchtet hell dabei, als ob dieses Spiel ein warmes Lichtlein in ihr angezündet hat. Ich gehöre ab sofort der Personengruppe an, die häufig eine Kamera dabeihat, um Ereignisse unmittelbar dokumentieren zu können.

In seinem vierten Lebensmonat beginnt Mitja beim Laufen mit der Hüfte zu wackeln. In einer Tierklinik wird er geröntgt und wegen der Vermutung auf Knochenkrebs bei einer Biopsie der ohnehin beanspruchten Schultergelenke so schwer verletzt, dass er kaum noch laufen kann. Bei einer Nachoperation bleibt sein Herz stehen, und er muss dreimal wiederbelebt werden. Es liegt kein Knochenkrebs vor, aber einige Gelenke sind entweder genetisch und/oder durch die frühe Unterversorgung auf Moskaus Straßen stark geschädigt.

Meine Tierärztin schlägt eine Goldakupunktur vor. Durch die besondere Einwirkung über den Akupunkturpunkt wird der Stoffwechsel des erkrankten Gelenkes verbessert. Die Folge ist eine Schmerzlinderung oder -befreiung. Drei Wochen später ist Mitja, auch was das betrifft, ein Goldhund. Dennoch braucht er einmal in der Woche eine osteopathische Behandlung, tägliche Übungen und wichtige Nahrungsergänzungsmittel.

Eine meiner täglichen Übungen besteht darin, Mitja sehr langsam über flache Hindernisse gehen zu lassen, damit er die Knie wieder anheben lernt und seinen Schlenkergang aufgibt. Auch kann er bei einem sehr langsamen Lauftempo nicht den Schongang einsetzen, der zu einem falschen Bewegungsablauf führt. Mitja reißt die Stangen, die ich auf kleine Kegel lege, jedoch einfach herunter und weigert sich, die Knie anzuheben. Auch nach vielen Versuchen, in denen ich ihm spielerisch die Übung schmackhaft machen will, ist seinem Blick anzusehen, dass er auf das Ganze keinerlei Lust hat, obwohl er nun die Knie ab und zu anhebt. Weil unser Alltag sonst nur aus Handlungen besteht, die für alle einen nachvollziehbaren Sinn ergeben, und wir rein mechanische Übungen gänzlich aussparen, ist Mitjas Blick anzusehen, dass er sehr erstaunt ist von meiner Hartnäckigkeit, an etwas festzuhalten, was ihm keine rechte Freude bereitet.

Ich erweitere das Ganze und füge Kegel hinzu, um die er im Slalom laufen kann, und ein paar Denk- und Suchspiele, bis ein kleiner Parcour entstanden ist. Allein, es ändert nichts daran, dass Mitja alles beim ersten Mal mit Freude tut, die Käsestückchenbelohnung in Empfang nimmt und mich verwundert mustert, wenn ich eine Wiederholung möchte.

Da ich ganz am Anfang, nachdem ich meine Hundeschule eröffnet hatte, Mobility anbot, weiß ich, wie viel Freude die meisten Hunde daran haben, etwas immer besser oder schneller zu machen. Mitja jedoch ist ein Hund, der eine neue Herausforderung sucht, wenn er eine vorherige bestanden hat. Für ihn scheint eine Wiederholung meiner Übungen genauso langweilig, als ob ein Kind immer wieder zwei plus zwei zusammenzählen sollte.

Deshalb verlege ich das Ganze in das Unterholz unseres Waldes. Dort bieten genügend Äste und kleinere Baumstämme immer wieder neue Hindernisse, die wir überwinden können. Es muss sehr langsam gehen, damit Mitja die für ihn ungewohnte Beugung der Knie spürt und verinnerlicht, um sie zu wiederholen.

Gleich beim ersten Versuch kommt es deshalb zu einem Missverständnis.

Mit einer Handbewegung und einem leisen, langgezogenen »Ssssssss« bremse ich Mitja, Frieda und Tinka ab und schleiche wie der Späher eines Indianerstammes ins Unterholz. Dabei lasse ich die Arme entspannt hängen und bewege kurz darauf nur leicht die Fingerspitzen mit einer winkenden Bewegung. Die Hunde verstehen durch dieses winzige Signal, dass sie nun folgen sollen. Als alle drei bei mir sind, gehe ich in Zeitlupe weiter. Solange sie in meinem Tempo laufen, sage ich nichts, sobald ein Hund zu schnell wird, bremse ich ihn mit einem leisen Warnlaut: »Schhhhhh«, oder trete, mich dynamisch zu ihm eindrehend, kurz in seinen Weg, um ihn zu stoppen.

Nach kurzer Zeit haben alle verstanden, worum es geht, denn das Prinzip entspricht ihrer eigenen Vorgehensweise: Warnlaute und -handlungen, wenn etwas nicht in Ordnung ist, harmonisches stilles Miteinander, wenn alles stimmt.

Wir schleichen also im Zeitlupentempo gemeinsam durch das Unterholz, über Zweige, Äste und kleine Baumstämme, und die Hunde beginnen nun, ihre Köpfe suchend umherzuwenden. Ganz offenbar sind sie zu der Ansicht gelangt, dass ich ein Tier verfolge, an das wir uns nun gemeinsam heranpirschen. Ihre Nasen zucken und versuchen, einen Geruch einzufangen, ihre Augen wandern suchend umher, und ihre Ohren bewegen sich in alle Richtungen.

Friedas Blicke gehen sogar hinauf in die Bäume, da sie am Boden nichts ausmachen kann.

Mir wird klar, dass ich mir am Ende einen Kompetenzverlust einhandele, wenn ich mich an Dinge anpirsche, die gar nicht da sind, und die gesamte Gruppe auch noch zu diesem »Happening« einlade. Während ich weiterschleiche, rattert es in meinem Kopf. Ich könnte kurz vorangehen und Futter platzieren, welches wir dann gemeinsam finden. Aber natürlich wäre das nicht minder seltsam, denn wozu sich an Nahrung anpirschen, die herumliegt und auch nicht vorhatte wegzulaufen?

Eine Notlösung muss her. Ich ziehe eine Schnur aus der Kapuze meiner Jacke, stoppe die Hunde und gehe allein weiter. Hinter einem starken, alten Eichenbaum wickele ich das eine Ende der Schnur um etwas Laub und lege das andere Ende um den Baum herum. Ich schleiche zu den Hunden zurück und bedeute ihnen, mir zu folgen. Eine hohe Spannung ist zu spüren. Sie sind jetzt so konzentriert, dass ich fast selbst der Illusion erliege, wir würden jagen.

Kurz vor dem bewussten Baum bleibe ich stehen und blicke starr geradeaus. Alle Hunde folgen meiner Blickrichtung.

»Los. Wo ist es?«, rufe ich ermunternd, und Frieda schießt mit Mitja nach vorn, während Tinka die Sicherheit meiner Beine vorzieht. Ich gehe schnell in die Hocke und ziehe mit kleinen Bewegungen an der Schnur. Laub raschelt im Laub. Frieda springt sofort darauf zu, um das Tier zu finden, das diese Bewegung ihrer Meinung nach verursacht. Ich ziehe das Truggebilde schnell zu mir um den Baum zurück, lasse es fallen und schaue suchend nach oben, als würde ich einem Tier nachsehen, das davonfliegt. Tatsächlich folgen die Hunde diesem Blick, als sie wieder auf meiner Seite des Baumes sind, und heben die Nasen nach oben. Als kein Geruch wahrzunehmen ist, gehen sie zu der Stelle am Baum zurück, an der das Laub raschelte, und schnüffeln dort. Fast unisono heben sie die Köpfe und sehen mich ratlos an. Ihr Blick könnte sagen: »Du, in unserem Wald gibt es seit Neuestem geruchlose Tiere, die man nie mehr finden kann. Können wir bitte in ein anderes Gebiet ziehen?«

Das kommt dabei heraus, wenn man als Mensch Hundenatur imitieren will, denke ich und muss über mich selbst lachen.

Um die krankengymnastische Schleichübung mit Mitja besser zu gestalten, überlege ich mir deshalb am nächsten Tag ein kleines Jagdspiel, das keinen Anspruch auf Echtheit erhebt. Ich präpariere ein Hasenfell mit dem chemisch hergestellten Duft eines Hasen (erhältlich im Jagdbedarf), befestige es am Ende einer Flexileine (eine Leine, die sich mit schnellem Zug in ein Plastikgehäuse aufrollt, wenn man den Feststell-Knopf losdrückt) und gehe mit den Hunden in den Wald.

An einer Stelle im Unterholz, an der anfangs viele Äste auf dem Boden liegen, dann jedoch eine kleine bemooste Freifläche folgt, stoppe ich die Hunde. Ich gehe allein ins Unterholz, und beginne, sobald ich aus dem Sichtfeld der Hunde verschwunden bin, das Hasenfell mit der Leine über den Boden zu ziehen, um eine Spur zu legen. Nach ungefähr fünfzehn Metern postiere ich das Fell gut getarnt durch Laub und kleine Äste, ziehe beim Zurücklaufen die Leine aus dem Plastikgehäuse heraus und stelle sie fest, nachdem sie komplett abgerollt ist. Das Gehäuse hänge ich in meiner Höhe an einen Baum, damit ich es im Vorbeilaufen greifen kann.

Zurück bei den Hunden, führe ich sie an den Anfang der Spur und fordere ein sehr langsames Tempo, während sie mit der Nase der Spur folgen. Das hat nicht nur den erwünschten Effekt, dass Mitja die Knie anhebt, während er über das Bruchholz des Waldes läuft, sondern auch den, dass die Hunde trotz ihres gesunden Jagdtriebes auf mein Tempo achten müssen.

Im Vorbeigehen nehme ich das Gehäuse der Flexileine vom Baum und lasse den Feststeller für einen kurzen Moment los, sodass ein Rascheln im Unterholz zu hören ist, weil sich das Hasenfell bewegt hat. Mit »Los« gebe ich die Hunde frei und lasse den Feststeller der Flexileine gänzlich ausrasten. Das Hasenfell schießt unter dem Blattwerk hervor und Mitja versucht, es vor Frieda zu fangen, die zeitgleich darauf zuspringt. Dieses kleine Spiel »Wer fängt den Hasen« bauen wir jetzt täglich in einen unserer Spaziergänge ein.

Mitja ist inzwischen ein halbes Jahr alt und fast so groß wie Frieda. Mitte April können wir endlich einen wunderbaren Helfer in Anspruch nehmen, den die Kälte uns bisher verwehrte: den Mühlenbecker See. Ich hoffe, dass Mitja eine Wasserratte ist, denn Frieda und Tinka stehen Wasser zwar positiv gegenüber, aber nur, solange es ihnen nicht weiter als bis an die Knöchel reicht.

»Eine tolle Idee, schwimmen schont die Gelenke und baut seine Muskeln auf«, bestärkt mich unsere Tierärztin.

Der Waldsee empfängt uns einsam und von der Sonne beschienen. Er besitzt nur wenige kleine Badezugänge, die wegen der niedrigen Wassertemperatur noch menschenleer sind. Mitja sieht zum ersten Mal einen See und blickt staunend auf die riesige Pfütze. Ich werfe sein Lieblingsspielzeug, einen kleinen Gummiknochen, auf die Wasseroberfläche, und Mitja geht sofort hinterher. Ein verwunderter Blick nach unten zeigt, dass er erstaunt darüber ist, wie tief die Pfütze ist. Er schnappt sich sein Spielzeug und bringt es zurück an das Ufer. Ich werfe es ein wenig weiter. Mitja geht wieder hinterher, verliert es jedoch aus den Augen als er im Wasser ist und sieht sich suchend um. Ich zeige mehrfach auf das bereits abtreibende Spielzeug. Mitja findet es nicht. So nehme ich einen kleinen Stock und werfe ihn neben das Spielzeug, um ihn darauf aufmerksam zu machen. Er nimmt das Aufklatschen wahr und schwimmt in die richtige Richtung los. Anfangs sind seine Schwimmbewegungen noch etwas unbeholfen, und er muss seinen absinkenden Hintern ausbalancieren. Doch nach einigen Versuchen schwimmt er gekonnt und schnurgerade auf das Spielzeug zu. Dort angekommen entscheidet er sich für den Stock, der daneben treibt. Alle weiteren Versuche, ihn mit einem neuen Stock auf das Spielzeug aufmerksam zu machen, enden darin, dass er auch diesen ans Ufer bringt und sich gegen das Spielzeug entscheidet. Er hat sich in Stöcke verliebt und entwickelt schnell eine immer größere Begeisterung für das neue Wasserspiel. In das Wasser hineinzulaufen ist ja für den Anfang ganz schön, aber mit Anlauf hineinzuspringen und einen Bauchklatscher zu machen ist offenbar fantastisch. Ich bin sowohl von dieser hinzukommenden Variante seines Eintauchens als auch von seinem Ganzkörper-Schütteln bei der Rückkehr nach kurzer Zeit selbst sehr nass.

Mit viel Hoffnung fahre ich an diesem Tag zurück nach Hause. Vielleicht schaffte Mitja ja schwimmend den Durchbruch zum Muskelaufbau. Das könnte viele schmerzfreie Lebensjahre mehr für ihn bedeuten.

In den nächsten Tagen verbringen wir viel Zeit am See, und Mitja entwickelt eine große Leidenschaft für die schwimmende Beute. Alles klappt reibungslos. Er schaut zuerst mich an, bevor ich werfe, dann gebe ich Mitja frei, und er holt den Stock, um ihn mir zu bringen. Alles läuft gut, bis ich irgendwann eine Veränderung in seinem Verhalten bemerke.

Er starrt jetzt nur noch den Stock an, den ich halte, und hat keinen Augenkontakt mehr zu mir. In seinen Blick hat sich ein aufgeregtes, flehentliches Flackern gemischt. Eine Alarmglocke in mir schrillt. Ich kenne diesen Ausdruck von Hunden, die süchtig sind.

Ich warte wieder, bis er vom Stock weg mich ansieht, bevor ich ihn werfe. Dennoch werden seine Bewegungen »abgerissener« und ungeduldiger. Er fixiert nun den Stock mit starrem Blick und halb geöffnetem Maul. Ich beende das Spiel.

Fünf Minuten später lässt ein leises Platschen auf der Oberfläche des Sees Mitjas Kopf ruckartig herumschnellen. Etwa dreihundert Meter entfernt rennt ein Jagdhund ins Wasser, um einem Gegenstand zu folgen, der für ihn geworfen wurde. Mitja springt wie elektrisiert von unserer Seite aus in den See und schwimmt dem Hund entgegen. Mein Rufen verhallt zum ersten Mal ungehört.

Der Jagdhund erreicht den Gegenstand, schnappt ihn sich und wendet in Richtung Ufer. Mitja kreiselt mit aufgerissenen Augen um die eigene Achse, blickt suchend um sich und steigert sich in Sekunden in eine Verzweiflung hinein, die ihm jede Kontrolle über die Situation zu nehmen scheint.

»Mitja!«, spreche ich ihn an. Er beginnt panisch mit den Vorderpfoten auf das Wasser zu schlagen.

»Mitja, hiiiierher!« Sein Kopf zuckt zu mir herum. Er nimmt mich wieder wahr, kommt zurückgeschwommen, springt an Land und lässt seine innere Erregung an ein paar Zweiglein an einem Busch ab, die er ins Maul nimmt und wild zerschreddert. Dabei fiept er genervt und beginnt, in abgehackten Tönen zu schreien.

»Mitja, schhhhhhhhhhh, ruhig.« Er verstummt und blickt mich angespannt an. Er erinnert mich an ein unter Strom stehendes, sirrendes Trafohäuschen kurz vor der Explosion. Plötzlich hockt er sich hin. Die Aufregung hat einen Durchfall produziert.

Ich stehe mit hängenden Schultern da und blicke fassungslos auf meinen Hund, bei dem ein einziger Moment reichte, um einen Schalter umzulegen, den ich sorgsam im Auge zu haben glaubte.

In gedrückter Stimmung laufen wir am Ufer Richtung Auto zurück. Mitjas Augen sind starr auf das Wasser gerichtet. Ich muss ihn ständig stoppen, damit er nicht losläuft, um nach einem Stock zu suchen. Plötzlich fliegt unweit von uns ein Ball ins Wasser, den eine Frau für einen Stafford Terrier wirft. Mitja schießt los. Mein Rufen kommt in seinem Universum nicht mehr an. Ich muss mit nackten Füßen und hochgekrempelten Hosenbeinen in den See hineinlaufen, um ihn am Geschirr zu erwischen. Er taumelt, als ich ihn greife. Sein Blick huscht über mich hinweg, Mitja scheint unangenehm berührt. Ich bin ein Hindernis, das ihm den Weg versperrt, um an den Stock zu kommen. Etwas so Trauriges wollte ich nie sein.

Ich atme tief durch und durchdenke die Situation. Während am Anfang nur Mitjas Beutetrieb nach einem fliegenden Stock angesprochen wurde, ist dieser nun deutlich umgekippt in die Sucht nach dem Adrenalinkick, den die Triebbefriedigung ihm mehrfach verschafft hatte. Obwohl ich bemüht war, genau das zu vermeiden, wechselte er in diesen Rauschzustand. Ein sicheres Anzeichen dafür, dass ein Hund süchtig ist, ist, dass er nicht mehr nur triebhaft auf einen Reiz reagiert, der stattfindet, sondern verzweifelt nach diesem Reiz verlangt, wenn er nicht stattfindet. Hunde, die sich auf nichts anderes mehr konzentrieren können, als auf den Ball, den ein Mensch in seiner Tasche trägt, gehören zum Beispiel dazu.

Ich entwerfe einen Plan, um zu erreichen, dass Mitja zwar weiter Stöcke holen kann, aber nicht mit Sucht darauf reagiert. Die Alternative, einfach nie wieder einen Stock zu werfen, kommt für mich nicht in Frage, weil eine Vermeidung der Situation die Sucht nicht heilt. Sie kann dadurch zu einem »Schläfer« werden, der nur auf einen neuen Reiz wartet, um wieder aktiv zu werden. Das können dann zum Beispiel vorbeifahrende Autos sein oder Fahrradfahrer, die sich schnell bewegen. Auch ist es schließlich nicht möglich, alle anderen Menschen zu kontrollieren, damit sie an einem See keinen Stock oder Ball ins Wasser werfen.

Als wir wieder zum See gehen, beginnt Mitja im Wald wie von unsichtbaren Fäden gezogen nach vorn zu laufen. Deshalb erkläre ich den Raum vor mir zum Tabu und laufe bewusst langsam weiter. So muss Mitja sich neben mir dem langsamen Tempo anpassen, was seine ganze Aufmerksamkeit erfordert. Durch die Konzentration darauf hat er in diesem Moment keine Möglichkeit, seiner Sucht Aufmerksamkeit zu schenken.

Am See angekommen setze ich mich hin und warte, bis sich Mitja zu entspannen beginnt. Obwohl er unruhig, mit einem fiebrigen Blick die Wasseroberfläche absucht, kommt er nach zwanzig Minuten zur Ruhe, weil ich ihm nicht erlaube, Stöcke aufzunehmen. Dann ziehe ich mir die Schuhe und Hosen aus und teste mit den nackten Füßen die Wassertemperatur. Es ist noch so kalt, wie ich erwartet habe. Auf Zehenspitzen gehe ich in den See, spritze mich vorsichtig nass und lasse mich mit viel Überwindung in die kalte Flut fallen. »Huuu, haaa, aaaah.« Frieda und Tinka stehen am Ufer und blicken mir mit einer gewissen Nachsicht hinterher. »Wenn du das brauchst…«, scheinen ihre Blicke zu sagen. Sie würden niemals auch nur die Pfoten in das kalte Nass setzen.

Mitja ist in einer abwartenden, lauernden Haltung. Er hält den Kopf gesenkt und sieht mich fragend an. Ich fordere ihn auf, mir zu folgen: »Na los, mein Großer. Auf geht's ins Schwimmbad.« Unsicher setzt er die Pfoten in das Wasser. Jetzt, da er ohne die Motivation der Beute einfach schwimmen soll, ist ihm die Sache nicht mehr geheuer. Ich nehme ihn an die Leine, weil er sich nicht hereinwagt.

»Komm«, ermutige ich ihn und schwimme, die Leine haltend, entschlossen los. Seine Vorderpfoten patschen einen kurzen Moment lang auf die Wasseroberfläche, dann beruhigt er sich. Er schaut mich fragend an und kommt geradewegs auf mich zu. Ich halte eine Handfläche im Abstand von einem halben Meter senkrecht nach oben aus dem Wasser, um kenntlich zu machen, wo ich ende und ein Aufschwimmen seinerseits zu vermeiden. Er schwimmt einen Bogen und will an mir vorbei. »Hoooo«, brumme ich in einem tiefen Ton, um ihn abzubremsen. Er verlangsamt das Tempo und ist nun neben mir. Nach kurzer Zeit finden wir in einen gemeinsamen Rhythmus. Das verlangt Achtsamkeit füreinander und erzeugt ein schönes Gefühl von Verbundenheit. Leider halte ich es im kalten Wasser nicht länger als fünf Minuten aus. Dann muss ich, krebsrot vor Kälte, den See verlassen.

Mitja springt freudig ans Ufer, schüttelt sich und wedelt stolz mit dem Schwanz. »Wow, das hast du toll gemacht, mein Lieber. Große Klasse«, spende ich ihm Anerkennung. Noch bevor ich die Hoffnung fassen kann, dass seine Stocksucht vielleicht doch nicht so schlimm ist, rennt er auf einen kleinen Ast zu und beißt fahrig hinein.

»Ssst«, unterbreche ich ihn. Er lässt den Stock fallen und blickt mich sehnsüchtig an. »Bitte wirf. Biiitte. Es ist dringend!«, könnte man seinen Blick übersetzen.

Nach meiner Erfahrung ist die einzige Chance, in das Suchtverhalten eines Hundes heilsam einzugreifen, einen seiner anderen Triebe anzusprechen. Ich nutze dafür den Trieb des Hundes, sich den Entscheidungen des Wesens anzuvertrauen, das die Gruppe führt. Die Kompetenz dieser Führung muss jedoch bereits im Alltag nachgewiesen sein und kann nicht als stumpfes Kommando eingefordert werden. Erlernte Kommandos wie »Pfui«, Sitz«, Aus« sind deshalb nur schlecht geeignet, weil sie auf keinen instinktiven Trieb des Hundes zurückgreifen und häufig nur einen Triebstau bewirken. Die innere Erregung des Hundes steigt dann weiter an, während er auf Kommando rein äußerlich eine ruhige Körperhaltung bewahrt. Löst man das Kommando auf, entlädt sich der Trieb.

Ich stelle mich nun an das Ufer und begrenze den Raum vor Mitja mit einer kurzen Bewegung auf ihn zu. Als er, sich über die Schnauze leckend, beschwichtigt, trete ich wieder zur Seite und werfe einen Stock ins Wasser.

»Scht«, erkläre ich das Objekt zum Tabu.

Ein Ruck geht durch Mitja hindurch, und ich trete ihm nochmals kurz entgegen, um ihn zu stoppen. Er sinkt, vor Erregung zitternd, auf seinen Hundepopo. Der Stock treibt zwei Meter vor uns auf dem See. Er starrt ihn an.

»Sssst.« Er blickt wieder zu mir.

Während er gestern für einen kurzen Moment in seiner Sucht verschwunden und nicht mehr für mich erreichbar war, erlaube ich ihm nun in einer solchen Situation nicht mehr, aus dem Kontakt mit mir zu gehen.

Ich werfe den nächsten Stock. Er bleibt sitzen, obwohl es in ihm zuckt. Mehrfach blickt er mich mit riesigen Augen bittend an. Er fiept leise. Gähnt gestresst. Ich atme tief durch, denn er braucht jetzt meine Unterstützung, nicht mein Mitleid.

Mir fällt ein Film ein, in dem ein jugendlicher Junkie, unterstützt von seinen Eltern, einen Entzug zu Hause wagt. Ab einem bestimmten Zeitpunkt schreit und bettelt er verzweifelt um Stoff. Er fleht die Eltern an. Er weint. Er schlägt mit dem Kopf an die Wand. Bettelt wieder um Stoff. Für die Eltern ist es eine Qual, im Interesse des Jungen stark zu bleiben, aber sie schaffen es. Diese Erinnerung motiviert mich.

Ich beginne mir vorzustellen, wie Mitja ruhig in der Sonne sitzt, herumschnüffelt, mit mir schwimmt oder einen Stock aus dem Wasser holt, wenn ich ihn werfe. Entspannt und freudig. Mein eigener Atem wird ruhig dabei. Es ist ein ganz simpler Trick, sich einfach das vorzustellen, was man erreichen möchte, denn so kommt die geistige Verfassung, die man dazu braucht, von ganz allein. Nach ungefähr zehn Minuten legt sich auch Mitja hin. Sein Blick ist weich geworden, und seine zuckende Nase nimmt die Umgebung wieder wahr. Ich werfe den nächsten Stock. Er schießt zurück in die sitzende Haltung und starrt dem Stock hinterher.

»Ssst!« Ich korrigiere ihn mit einem leichten Stüber meines Zeigefingers in die Seite. Er legt sich unaufgefordert hin, denn er hat die beruhigende Wirkung dieser Körperhaltung noch in Erinnerung. Würde ich ihn auffordern, »Platz« zu machen, um den Prozess zu beschleunigen, hätte ich ihm eine Aktion aufgezwungen, die er erfüllen muss, und damit seine Entspannung verhindert.

Mitja selbst ist ein Meister in der Korrektur unruhiger und nervöser Hunde. (Nach meiner Beobachtung reagieren viele Hunde auf einen »Spiegel« ihrer eigenen Natur besonders stark.) Wenn er einen nervösen, aufgeregten Hund blockt, wartet er so lange über oder vor ihm stehend, bis sich dieser beruhigt hat. Häufig wundern sich die fremden Hundebesitzer dann darüber, dass Mitja den betreffenden Hund auch dann noch nicht freigibt, wenn dieser bereits still steht oder auf dem Rücken liegt wie ein erstarrtes Huhn. Das tut Mitja erst, wenn er auch dessen innere Ruhe spürt. So habe ich unter anderem von ihm selbst gelernt, dass die äußere Körperhaltung allein nichts über eine innere Verfassung aussagt.

Ich beobachte nun also auch Mitja genau, und obwohl er sich bereits hingelegt hat, geht sein Atem noch zu schnell, und seine Augenbewegungen sind zu angespannt, als dass er innerlich entspannt wäre. Nach drei Stunden kann ich Stöcke in den See werfen, während Mitja im Halbschlaf auf der Seite liegt. Dann gehen wir nach Hause.

Am nächsten Morgen absolviere ich dasselbe Programm. Dieses Mal dauert es nur vierzig Minuten, bis Mitja entspannt den fliegenden Stöcken hinterhersehen kann. Danach verstecke ich das Frühstück aller drei Hunde in den Büschen, im hohen Gras und auf den Astgabeln von Bäumen, die sie erreichen können.

»Und los.« Während ich die Tageszeitung lese und einen Kaffee trinke, höre ich ihr geräuschvolles Suchen um mich herum. Nach einer halben Stunde legen sich nach und nach alle Hunde zu mir. In diesem völlig entspannten Zustand nehme ich einen Stock in die Hand. In Mitjas Augen zuckt es.

»Ssssst.« Das Flackern verschwindet. Ich werfe den Stock in den See und erkläre ihn vorher noch einmal zum Tabu. »Scht!« Mitja legt den Kopf ab.

Nachdem ich ungefähr zehn Stöcke geworfen habe und Mitja dabei entspannt blieb, überrasche ich ihn nach dem elften Wurf mit einem ruhigen »Bitte« und zeige in die Richtung des Sees. Mitjas Kopf geht hoch. »Im Ernst?«, fragt sein Blick, und die Oberlippe ist seitlich in den Fang geklemmt.

»Okay. Bitte«, ermutige ich ihn noch einmal. Voll Freude springt er auf und in den See hinein. Er holt den Stock, bringt ihn zu mir zurück und wirft ihn vor meine Füße. Ich nehme ihn und lege ihn neben mich. Dann entspannen wir wieder gemeinsam.

Auf diese Weise verbringen wir die nächsten zwei Wochen am See, dann ist es geschafft. Er zeigt keine Anzeichen von Sucht mehr.

Heute ist Mitja eineinhalb Jahre alt, und noch immer liebt er es, Stöcke aus dem Wasser zu holen. Er ist zwar ein Ex-Junkie auf Lebenszeit, aber noch stärker ist er Mitja.

## Loslassen

Ich weiß nicht mehr, wann mir Farina anvertraute, dass sie magersüchtig ist, aber es war nicht zu übersehen. Das lag nicht nur daran, dass sie extrem dünn war, sondern auch an dem Ausdruck ihres Körpers, den sie zackig und sehr aufrecht, wie einen kleinen Soldaten, vorantrieb. Ich kenne diese innere Unruhe, gepaart mit einer unangemessenen Härte zu sich selbst von einigen magersüchtigen Mädchen, die ich therapeutisch begleiten durfte.

Ich lerne Farina in einem Führungskurs in meinem Hundezentrum kennen. Sie wartet zurückgezogen im Hintergrund und hat einen kräftigen Deutsch-Kurzhaar-Rüden dabei, der ihr in ihrem soldatischen Ausdruck in nichts nachsteht. Mit finsterer Miene steht er steifbeinig neben ihr und kommentiert grollend und knurrend die Anwesenheit aller anderen Hunde.

Kommt jemand Farina zu nahe, quittiert er das mit einem Angriff nach vorn. Die junge Frau stemmt sich mit aller Kraft gegen die Leine, und es grenzt an ein Wunder, dass sie den ungefähr vierzig Kilo wiegenden Hund, der schwerer scheint als sie selbst, überhaupt halten kann.

Wenn ich Farina im Laufe des Trainings anspreche, lächelt sie stets. Sie zückt dieses Lächeln wie eine Maske, die sie bereithalt, um dahinter zu verschwinden. Nur ihre großen grünen Augen zeigen deutlich einen Ausdruck wacher Vorsicht.

Bald lerne ich sie und ihren Hund Lord bei einer Trainingsaufgabe besser kennen. Die Übung könnte man überschreiben mit: »Wie lerne ich, meinen Hund nicht bei der Entspannung mit ›Sitz‹, ›Platz‹, ›Bleib‹ oder einem anderen Auftrag zu stören?« Der Mensch kontrolliert dabei nicht die Körperhaltung des Hundes, sondern seinen Bewegungsradius, der über einen zuvor vom Menschen bestimmten Platz nicht hinausgehen darf. Der Mensch lernt dabei, wie er körpersprachlich agieren und angemessen die Kontrolle über eine Situation übernehmen kann. Der Hund lernt, die Führung, die er häufig notgedrungen übernommen hatte, weil niemand sonst es tat, wieder abzugeben. Es geht also in der Übung um eine positive Veränderung von Beziehungsstrukturen, nicht um den Wechsel der Körperpositionen wie etwa von »Sitz« zu »Platz«.

Während alle Kursteilnehmer mit dieser Begrenzung arbeiten und dem Hund nur auf einer Decke, auf der er sich befindet, freien Raum lassen, beobachte ich aus den Augenwinkeln die junge Frau. Sie arbeitet nicht, wie von mir gezeigt, mit einer bestimmten Energie und Körpersprache, sondern hat unauffällig und schnell ein konditioniertes Sitzzeichen mit dem aufgestellten Zeigefinger gemacht. Der Deutsch-Kurzhaar folgt diesem Kommando sofort, und seine gesamte Körperhaltung und Mimik drücken aus, dass er nun zur Not auch vierzehn Stunden so ausharren würde.

Während die anderen Hundehalter sich weiter darin versuchen, den Raum um ihre zum Teil noch protestierenden Hunde zu beanspruchen und sich Führungskompetenz zu erarbeiten, steht Farina wie ein Wachposten neben Lord und genießt die bewundernden Blicke auf ihren stramm dasitzenden Hund.

Die Kursteilnehmer haben noch nicht die Erfahrung

machen können, dass bereits jeder Protest ihrer Hunde, wie Bellen, Fiepen, In-die-Leine-beißen oder Immer-wieder-von-der-Stelle-weglaufen, eine wunderbare Chance ist, sich als Mensch neu zu beweisen. Ein Hund muss überprüfen, ob das Wesen, das er bisher führte, plötzlich selbst Führungskompetenz besitzt, oder weiter nur als Futter- und Liebesspender zu gebrauchen ist. Innerhalb von zwanzig Minuten ist bei allen Teams eine Veränderung zu erkennen, und die Hunde beginnen, sich von allein hinzusetzen, hinzulegen oder sogar einzuschlafen. An der Beziehung zwischen Farina und Lord dagegen hat sich nichts geändert. Der Deutsch-Kurzhaar sitzt wie eingefroren da, und seine gesamte Körperhaltung ist steif vor Anspannung. Er erinnert mich an einen General, der schon lange dient und nichts anderes kennt als diesen Dienst. Ein Gehorsamkeitsjunkie, dessen eigentliches Wesen verschwunden ist.

»Farina«, spreche ich die junge Frau an. »Es geht hier weder um Perfektion noch um Pflichterfüllung. Ich würde viel lieber erfahren, wer dein Hund ist und wie ihr eine gute Beziehung führen könnt.«

»Wir haben die beste Beziehung, die es gibt«, sagt sie betroffen, und Tränen schießen ihr in die Augen.

Ich ärgere mich über meine Unbedachtheit.

Während des Kurses denke ich darüber nach, wie ich dem offenbar sehr intimen Thema der jungen Frau gerecht werden kann, als sie mich am Ende des Kurses fragt, ob ich ihr eine Einzelstunde anbieten könnte. Erfreut sage ich zu.

Zwei Wochen später bitte ich sie, die Kursübung zu wiederholen und Lord ohne Kommando dazu zu bringen, sich zu entspannen. Für den »General« ist es besonders wichtig, einmal keine Aufgabe erfüllen zu müssen. Wir sind allein auf dem Gelände, und sie wirkt heute eine Nuance aufgeschlossener. Es ist, als ob an ihrer »Rüstung« das Visier hochgegangen wäre.

»Wenn ich ihm kein Kommando zum ›Sitz‹ gebe, läuft er sofort weg«, beteuert sie erregt und verschränkt abwehrend die Arme.

»Ich verspreche dir, ihn zu sichern. Wir könnten eine längere Leine an ihm befestigen, und ich halte das Ende fest«, schlage ich vor, um sie zu beruhigen. Sie legt ein mattes Lächeln über meinen Vorschlag und blickt mich weiter abwehrend an.

Weil es gerade das Gefühl von Kontrolle ist, das der Magersucht zugrunde liegt, ist es sehr schwer für einen betroffenen Menschen, diese aufzugeben. Oft ging der Krankheit eine lange Zeit der Ohnmacht voraus, in der sich der/die Betroffene nicht gegen die Übergriffe anderer schützen konnte. Die Magersucht kann eine machtvolle Entdeckung sein, mit der man dem Gefühl des Ausgeliefertseins entkommen kann. »Was ich nicht esse, bestimme nur ich!« Das existenzielle Bedürfnis nach Nahrung beherrschen zu können, während alle anderen in diesem Punkt »schwach sind«, weil sie essen müssen, erzeugt einen gewissen Stolz und verlangt ein hohes Maß an Selbstkontrolle. Diese Kontrolle ohne therapeutische Unterstützung aufzugeben würde für einen Menschen mit Magersucht bedeuten, sich wieder dem Gefühl der Ohnmacht ausliefern zu müssen. Deshalb ist eine begleitende Therapie nötig, durch die erlernt werden kann, wie man sich auf andere Weise angemessen abgrenzen kann.

Der angstvolle Blick, den mir Farina zuwirft, als ich von ihr verlange, ihren Hund nicht mehr mit den üblichen Kommandos zu kontrollieren und dafür eine Beziehung zu ihm zu wagen, überrascht mich also nicht. Dennoch legt sie plötzlich in ganz überzeugender Weise Entschlossenheit an den Tag: »Okay. Kein Problem. Ich mach es.« Sie tritt Lord hastig gegenüber, macht scharf »Ssst« und schiebt ihn grob zurück. Der General blickt sie verdutzt an, schnauft tief durch und beginnt empört zu bellen.

»Farina, ich weiß, dass die Situation schwierig für dich ist. Aber es nützt weder Lord noch dir, wenn du etwas nur deshalb tust, um mich von etwas zu überzeugen, von dem du selbst gar nicht überzeugt bist. Du hast den weiten Weg von D. heute hierher gemacht, um etwas zu ändern. Wenn du zurückfährst und es nicht einmal versucht hast, wirst du es vielleicht nie wieder versuchen. Gib dir und Lord doch diese eine Chance. In Ordnung?«

Die junge Frau schüttelt kurz ihren ganzen Oberkörper, senkt den Kopf und sagt flehentlich: »Ich kann das nicht. Er würde weglaufen, wenn ich mich entferne.«

»Wann hast du ihn denn das letzte Mal frei laufen lassen?«, frage ich.

Sie hebt den Kopf und schluckt: »Vor zwei Jahren vielleicht. Da ging er noch manchmal ohne Leine.«

»Und was ist dann passiert?«, frage ich nach.

Sie schluckt wieder: »Er hat einen anderen Rüden angefallen.«

»Hat er ihn verletzt?«

Farina hebt die Schultern. »Weiß nicht. Die Frau ist mit ihrem Hund weitergelaufen. Sie hat sicher gedacht, dass

Lord ein Monster ist und ich ihn nicht im Griff habe. Dabei hört er eigentlich gut auf mich.«

»Farina«, ich blicke sie direkt an, »Ich glaube nicht, dass Lord lediglich gut auf dich hört. Ich habe eher das Gefühl, dass er ›zu gut‹ hört und meint, er müsse alles immer noch besser machen. Er ist die ganze Zeit über angespannt. Er verhält sich ein wenig wie du selbst.«

»Wie meinst du das?«, fragt sie erstaunt.

»Nun, ich habe das Gefühl, dass du denkst, du darfst keine Fehler machen. Vielleicht dachte die Frau mit dem anderen Hund ja auch nur, okay, diese beiden Rüden können sich nicht besonders gut leiden, deshalb gehe ich einfach weiter. Wieso sollte sie darauf kommen, dass Lord ein Monster ist? Vielleicht sind das nur die Gespenster deiner Angst?«

Farina blickt mich skeptisch an: »Ich hasse es, Fehler zu machen.«

»Und woraus lernst du dann?«, frage ich.

Die junge Frau sieht mich ratlos an. »So habe ich das noch nicht gesehen. Ich habe einfach Angst, dass mich Menschen nicht mögen, wenn ich etwas falsch mache«, sagt sie leise.

»Also, ich würde einen Menschen, der NIE etwas falsch macht, furchtbar finden. Ich würde mich neben ihm immer falsch fühlen mit meinen Unvollkommenheiten.«

»Du wirkst aber doch so sicher«, wirft sie zaghaft ein.

»Wenn das so ist, dann nur, weil ich mir gestatte, auch Fehler zu machen. Das macht ziemlich angstfrei.« Ich blicke sie lachend an.

Farina betrachtet mich wie eine seltsame Pflanze, und ein kleines schiefes Lächeln rutscht ihr ins Gesicht.

»Wärst du bereit für ein Experiment?«, frage ich einladend.

Sie richtet einen angstvollen Blick auf mich.

»Ich möchte dir demonstrieren, dass Lord sich nicht nur entspannen kann, sondern auch will, wenn er vorher Energie loswerden konnte und keine Verantwortung für dich tragen muss. Wenn es nicht so ist, lassen wir alles, wie es ist.«

Farinas Hals bekommt rote Flecken. Sie reibt ihre Handflächen an der abfallenden Stelle, an der sich bei anderen Frauen die Hüfte wölbt.

Ich nehme Lords Leine in die Hand und zeige, dass ich bereit bin für das Experiment. Zögernd willigt Farina ein und tritt etwas zur Seite.

Ich gehe mit aufrechter Körperhaltung auf den Hund zu und stoppe ihn mit einem sanften »Sss«, als er um mich herumlaufen will. Ich entbinde ihn davon, Farina zu schützen, indem ich selbst diese Aufgabe beanspruche. Er legt die Ohren an und bleibt unschlüssig stehen. Dann richtet er seinen Blick starr auf die junge Frau.

»Ssst.« Ich unterbreche auch diese Form von Kontrolle.

Als er mit seiner Aufmerksamkeit bei mir angekommen ist, hole ich aus meinem Rucksack ein Hasenfell. Dieses befestige ich am Schnurende einer Beuteangel für Hunde. Ich lasse seine Leine fallen und ziehe kurz vor seiner Schnauze das Hasenfell vom Boden ab. Als Lord mit seinem Blick darauf anspringt, halte ich wieder in der Bewegung inne. Ein Beutetier würde auch zuerst bei Gefahr erstarren, ehe es sich leise zu entfernen oder zu verstecken sucht. Weil Lord auf das Fell blickt, aber nichts tut, imitiere ich mit ihm ein paar vorsichtige kleine Hüpfer der Entfernung. Jetzt reagieren die Gene des Vorstehhundes sofort. Er springt hinter dem Fell her, das ich nun schneller bewege, um eine Flucht »des Hasen« zu simulieren. Immer wenn er dicht herankommt, lasse ich den »Hasen« ein paar Haken schlagen.

Lords Rasse, der Deutsch-Kurzhaar, ist besonders bei Jägern beliebt, da diese entdecktes Wild durch Vorstehen anzeigt, ohne einen Laut von sich zu geben, und dabei in ihrer Bewegung verharrt. Meist hebt ein Vorstehhund dabei einen Vorderlauf an. Vorstehhunde sind nicht dafür vorgesehen, das Wild aufzuscheuchen oder zu verfolgen, sie sind allein auf die spezielle Fähigkeit abgerichtet, es anzuzeigen. Dass Lord noch keine Erfahrung darin hat, zeigt sein ungestümes Verhalten. Er verfolgt das Hasenfell mit stürmischer Begeisterung und versucht, immer wieder hineinzubeißen. Ich warte ab, bis er mir in einer Kreisbewegung entgegenkommt, halte das Fell an und stoppe ihn mit meinem Körper von vorn. »Sssst.«

Im Schwung der Begeisterung versucht er, an mir vorbeizuspringen. Ich bringe mich wieder vor ihn und stampfe mit dem Fuß auf, so dass er mich ansieht und stehen bleibt.

Ganz vorsichtig bewege ich das Hasenfell. Er will nach vorn springen. Ich bremse ihn mit einem tiefen Laut ab. »Hoooooooo.« Er hält inne. Mit einer Handbewegung lade ich ihn ein, näher zu mir zu kommen, und lasse dabei das Hasenfell auf der Stelle neben mir tanzen. »Hoooo«, bremse ich sein Tempo aus, wenn er zu schnell wird. Bleibt er stehen, winke ich ihn weiter heran. Lord verfolgt bald mit den Augen abwechselnd das Hasenfell und meine Körpersprache. »Guter Junge«, sage ich anerkennend mit absolut ruhiger Stimme, um ihn nicht zu sehr in Schwung zu versetzen. Als er kurz vor dem Fell angelangt ist, halte ich ihn mit einem sanften, langgezogenen »Schhhh« an. Er stoppt, und sein rechter Vorderlauf geht wie von Zauberhand nach oben.

Ich belohne ihn für diese Bilderbuch-Vorstehhaltung mit einer neuen Runde und begeisterten Zurufen meinerseits. »Was für ein toller Junge. Großartig.« Da sein Tempo jetzt wieder schnell sein darf, kann ich auch mehr Energie in meine Stimme legen. Lord jagt dem Fell hinterher und seine bisher so steifen Bewegungen werden immer fließender und kraftvoller. Als ich nun das Fell stoppe, unterstütze ich sein Innehalten mit einem sanften »Schhhhh«. Er schleicht in langsamem Tempo der Beute hinterher. »Seeehr guut«, lobe ich ihn mit tiefen Tönen. Ich lasse es darauf ankommen und unterstütze ihn nicht, als er das Hasenfell erreicht. Tatsächlich versucht er nun bereits nicht mehr, in die Beute zu beißen, sondern stoppt vor ihr wie in Zeitlupe, hebt den rechten Vorderlauf und verharrt.

Ich habe schon einige Vorstehhunde im Training gehabt, die nicht vorstanden, sondern in die Beute bissen, und ich muss zugeben, Lord macht das großartig. Ich spiele mit ihm mehrere Runden dieser Art und erlebe ihn völlig anders als zuvor. Er ist ein sehr feiner, sensibler Hund, der winzige Signale aufnimmt und darauf reagiert. Es spricht eine Begeisterung aus ihm, die dem vorher so übellaunig wirkenden General nicht zuzutrauen war.

»Ein Naturtalent«, rufe ich begeistert und blicke Farina an, die dem Geschehen konzentriert folgt.

Ich lege die Beuteangel zur Seite und trete mit einer kleinen Bewegung auf den Hund zu. Ein leises, kaum hörbares »Sss« reicht aus, um ihm zu bedeuten, dass er an dieser Stelle bleiben soll und nun von jeder Aufgabe entbunden ist. Er überprüft noch einmal durch Verlassen des Platzes, was ich als Konsequenz folgen lassen würde, und legt sich sofort hin, als ich ihm ruhig und bestimmt entgegentrete. Dann beobachtet er, wie ich umherschlendere, und legt den Kopf ab, weil er zu begreifen scheint, dass das Ganze länger dauern kann. Nach wenigen Minuten rollt er sich tief durchatmend auf die Seite und schließt die Augen. Seine Gesichtszüge entspannen sich. Der General sieht nun aus wie ein zufriedener, vierjähriger Hund.

Es ist ein schönes Gefühl, an einer solchen Veränderung teilhaben zu dürfen, aber mir ist noch nicht klar, wie ich auch Farina zu einer Veränderung bewegen kann. Die Zusammenarbeit mit einem suchtkranken Menschen erinnert an die Fahrt in einer Geisterbahn. Obwohl man ständig mit den Geistern rechnet, weiß man nie, wann sie auftauchen.

»Komm, wir gehen ein Stück und lassen ihn entspannen«, schlage ich vor und lade Farina mit einer Handbewegung ein, mit mir zu gehen.

»Dann wird er weglaufen, das weiß ich«, entgegnet Farina und eröffnet damit eine neue Runde. »Ich werde ihn nicht unbeaufsichtigt lassen.« Sie nimmt demonstrativ die Leine vom Boden auf. Gestört und alarmiert von Farinas Angst springt Lord auf und steigt an ihr hoch.

»Sch.« Sie geht grob in ihn hinein und wird rot vor Zorn.

»Farina, er versucht, alles richtig zu machen, also maßregele ihn bitte nicht für deinen Fehler.«

»Er hat mich angesprungen und klammert. Das macht er oft. Ich will das nicht.« Sie ist den Tränen nahe.

»Darf ich?« Ich nehme ihr die Leine ab und trete mit Lord ein Stück zurück. Er wird sofort ruhiger.

»Er hat dich eben dafür gemaßregelt, dass du ihn mit so einer Erregung überfallen hast. Aufregung ist eine Energie, aus der heraus sich viel Ungutes entwickeln kann. Es ist deshalb ein natürliches Bestreben, die Aufregung anderer zu beenden. Schüchterne Hunde versuchen das in Form einer Beschwichtigung, souveräne mit einer Maßregelung und ganz unsichere Hunde regen sich einfach mit auf. Ich will damit nicht sagen, dass Lord dich maßregeln darf, sondern nur erklären, warum er es tut. Wenn du dir sein Anspringen verbitten willst, müsstest du es ruhig und ohne Zorn tun. Solange er dich zornig machen kann, bist du in seiner Wahrnehmung schwach.«

»Mich macht aber wütend, dass ich ihm nicht vertrauen kann.« Sie schlägt plötzlich mit der Faust durch die Luft.

»Farina, ich habe in deinem Alter auch keinem mehr vertrauen können, aber ich habe mich bemüht, niemanden in mein Misstrauen einzusperren«, sage ich leise.

Sie blickt mich überrascht an. »Du? Du wirkst so, als wärst du schon immer sicher gewesen.«

Ich schüttele den Kopf. »Niemand ist immer sicher.«

Ihr verschlossener Blick reißt für einen kurzen Moment auf, wie ein Vorhang, der sich unerwartet öffnet. Dahinter erscheint eine Farina, die kindlich wirkt und sehr zart.

»Aber kannst du jetzt vertrauen?«, fragt sie vorsichtig.

»Ich bemühe mich immer wieder neu darum«, antworte ich und lächle. »Die Fähigkeit dazu habe ich von den Hunden gelernt.« Ich weise auf Lord. »Du hast ja gesehen, wie schnell er sich einem fremden Menschen wie mir anvertrauen konnte. Für ihn zählt nur, ob ich vertrauenswürdig bin oder nicht, ob ich gut mache, was ich mache, oder nicht. Wir Menschen mögen zwar erleben, dass uns jemand vertrauenswürdig erscheint, aber wir misstrauen dennoch, weil wir uns an frühere Erfahrungen erinnern. Ein Hund tut das nicht. Er ist nur im Hier und Jetzt. Das ist es, was ich immer wieder versuche zu leben. Ich gebe jetzt Vertrauen und kann mich zu jedem Zeitpunkt dagegen entscheiden, wenn ich spüre, dass es nicht mehr berechtigt ist. Verstehst du? Du bringst dich um sehr viele gute Erfahrungen, wenn du von vornherein beschließt, nicht zu vertrauen.«

Farinas Blick verdunkelt sich. »Das ist nicht so einfach für mich, bei ihm dieses Risiko einzugehen. Ich habe ja sonst keine Kontakte. Er ist das Einzige, was ich habe.« Sie bückt sich und streichelt dem inzwischen liegenden Hund den Kopf.

»Du hast zu überhaupt niemandem Kontakt?«, frage ich betroffen.

Sie schüttelt energisch den Kopf. »Nein, ich bin arbeitslos und habe unter anderem auch deshalb keine sozialen Kontakte, und vor meinen Eltern brauche ich Ruhe. Neben denen kann ich nicht atmen. Aber darüber will ich nicht reden.«

»Wie mutig von dir, dann hierherzukommen!«, sage ich anerkennend. Sie wird wieder rot und wirkt überrascht.

In der dritten Kursstunde fragt Farina, ob ich Zeit für eine weitere Einzelstunde hätte. Sie möchte sich mit mir zum Grunewaldsee wagen und sich Hundebegegnungen stellen. Es ist ihr noch nicht gelungen, Lord aus ihrer Anspannung zu entlassen. Nach wie vor bellt er an der Leine andere

Hunde an, und nach wie vor muss er an der Leine bleiben, weil Farina in Panik gerät, wenn sie ihn freigeben soll. Es ist ihr anzumerken, dass sie versucht, einen winzigen, dünnen Vertrauensfaden zu mir zu spannen, der immer wieder abzureißen droht, wenn ihre Angst auftaucht. So freut sie sich beispielsweise erst über einen Termin, sagt ihn dann telefonisch wieder ab und am Tag darauf wieder zu.

»Farina, du wirst morgen wieder Angst haben, das ist ganz normal, wenn man sich seinen Ängsten zu stellen versucht. Aber gerade, wenn du Angst hast, brauchst du Unterstützung. Riskiere es doch einmal, mit deiner Angst zu kommen. Und wenn es zu schlimm wird, kannst du den Termin jederzeit beenden«, versichere ich ihr.

»Gut«, erklärt sie sich nun zaghaft einverstanden.

Als ihre dünne Gestalt am vereinbarten Treffpunkt am Grunewaldsee erscheint, bin ich sehr erleichtert und beeindruckt. Ich habe damit gerechnet, dass sie es sich im letzten Moment anders überlegt. Schließlich geht es heute um ihre schlimmsten Ängste, um Lords Freilauf und um Hundebegegnungen. Sie ist blass, und das Lächeln, das sie mir automatisch entgegenbringt, wirkt noch matter als sonst.

»Das finde ich wunderbar, dass du da bist. Lass uns eine schöne Stunde miteinander verbringen. Du wirst für dich und Lord ein Stück Freiheit zurückerobern. Ich werde für Lord die Verantwortung übernehmen, also darfst du dich entspannen. Wenn wir Hunde treffen, bleib bitte ruhig, sonst bekommt er einen falschen Eindruck von der Situation. Ich habe eine Schleppleine dabei.« Ich zeige auf eine fünf Meter lange Leine, die Lord auf dem Boden hinter sich herziehen soll. Ihre Augen werden groß.

»Du willst ihn doch wohl nicht frei laufen lassen?«

»Ich will«, sage ich und laufe los, bevor sie wieder in ihrer Angst verschwindet und es sich anders überlegt.

Der Weg um den See ist als Auslaufgebiet sehr beliebt, und ich habe ihn deshalb ausgesucht, weil wir hier sehr viele Hunde treffen werden. Die Kraft der Angst ist bei einem einzelnen Auslöser häufig stärker, als wenn man sich mit vielen Eindrücken zugleich auseinandersetzen muss. Ich rechne deshalb damit, dass Farina ihre Angst zwar bei einzelnen Hunden aufrechterhalten kann, aber nicht bei den Dutzenden von Hunden, die uns nun im Laufe einer Stunde begegnen werden.

Wir stoßen vom Wald aus auf den Weg um den See. Nachdem wir bisher keinen Hund getroffen haben, kommen uns nun gleich fünf Hunde von links und drei Hunde von rechts entgegen. Farina blickt auf Lord, der sich sofort in die Leine werfen will. Da ich die Leine halte, lasse ich sie fallen und bringe mich neben ihn, um ihn zu korrigieren, falls es notwendig wird.

Lord rennt auf die Hunde zu, die schnüffelnd oder Stöckchen tragend den Weg entlanglaufen. Dann stoppt er vor einer Berner Sennenhündin, wendet höflich den Kopf zur Seite und zeigt mit einem vorsichtigen Schwanzwedeln an, dass er sehr erfreut ist, sie zu treffen. Die Hündin schnüffelt interessiert an ihm. Er schnüffelt begeistert an ihr. Sie trennen sich. Weiter geht's.

Einen Ridgeback-Rüden, der nun verspannt und steifbeinig auf Lord zugeht, halte ich für eine Herausforderung. Lord jedoch weicht ihm in großem Bogen aus und rennt begeistert zu einem Cocker Spaniel. Diesen fordert er zum

Spiel auf, und ein herrliches Haschen und Fangen beginnt. Ich bin platt: Ohne Leine ist Lord ein völlig anderer Hund.

»Schau ihn dir an«, rufe ich Farina freudig zu. »Er ist ein Meister der Hundesprache und schwer von seinen Artgenossen begeistert.«

»Aber er hat den Hund damals angegriffen. Wir haben nur noch nicht den Typ Hund getroffen, den er angehen würde, aber das kann jeden Moment passieren«, behauptet Farina ängstlich.

»Stopp!«, sage ich und versuche, ihren Film anzuhalten.

»Wir sind nicht in deinem Erlebnis vor zwei Jahren, sondern hier und jetzt gemeinsam am See, um zu erleben, was gerade passiert. Schau hin.« Ich weise auf Lord, der wie ein junger Hund mit dem Cocker Spaniel tobt. »Du hast einen absolut sozialen Hund, was ein Wunder ist nach der langen Trennung von seinen Artgenossen. Was willst du mehr?« Ich blicke sie fragend an.

»Jetzt pass auf«, ruft Farina, ohne Lords Spiel Aufmerksamkeit zu schenken. »Dort hinten kommt ein Rottweiler, die findet er besonders schlimm, da reißt er sich immer fast los und will zu ihnen, um zu kämpfen.« Sie ist so bleich geworden, dass ich Angst habe, sie könnte umkippen. Da ich mich in meinem Gefühl auf Lord verlasse, fasse ich lieber Farina unter und gehe mit ihr dem Rottweiler entgegen.

»Farina, du musst dich deiner Angst jetzt stellen, sonst wird Lord sein ganzes Leben an der Leine laufen müssen, nur weil du Angst hast. Ich bin da und passe auf, und jetzt sieh hin, was passiert.«

Der Rottweiler zuckelt gemütlich heran, Lord blickt kurz zu ihm hin und spielt weiter. Der Rotweiler markiert mit einem Seitenblick auf Lord einen Baum, falls es später von Interesse für diesen sein könnte, wer hier vorbeikam. Dann entfernt er sich. Normalerweise würde ich herzhaft lachen über diese Szene, aber ich habe eine schlotternde junge Frau im Arm.

»Und?«, frage ich und blicke sie hoffnungsvoll an.

»Er kann Rotweiler sonst nicht leiden. Sie sind seine Todfeinde«, beharrt sie weiter.

Für einen kurzen Moment muss ich meine Enttäuschung herunterschlucken und mich daran erinnern, dass Farina diese Wahrnehmung braucht, um Lord weiter einengen zu können. Für ihn eine Tür aus dem Gefängnis zu öffnen würde bedeuten, auch für sich selbst eine Tür zu öffnen. Und durch eine Tür, durch die man hinausgehen kann, können auch ungebetene Gäste hineinkommen. Solange Farina nicht gelernt hat, »ihre Tür« gegen Übergriffe zu schützen, kann sie keine offene Tür zulassen. Farina braucht mehr Unterstützung, als ich ihr geben kann, und so schlage ich ihr schließlich eine Klinik vor, die ich durch meine ehemaligen Klientinnen mit Magersucht gut kenne.

Sie lehnt erschrocken ab: »Nein, das habe ich schon versucht, das will ich nicht wieder.«

»Aber wir kommen sonst kein Stück voran«, wende ich ein.

»Doch, ich schaffe es schon«, beteuert sie.

»Nein, Farina, ich muss dich bitten, diesen Weg zu gehen. Nur dann kann auch ich dich weiter unterstützen. Glaube mir.«

Sie blickt betroffen auf den Boden.

Ein paar Tage später klingelt das Telefon: »Du machst

doch bald ein Frauenseminar. Wenn ich dort mitmachen könnte, verspreche ich, anschließend in die Klinik zu gehen. Ich brauche noch ein wenig mehr von deiner Zuversicht.« Farinas Stimme klingt sehr klar, als sie das sagt, und ich stimme zu.

Schüchtern und mit einem Dauerlächeln ausgestattet, erscheint Farina zum Seminar in Lietzen. Sie blickt sich zaghaft auf dem Vierseithof um, der einer Bildhauerin gehört, mit der ich seit dreißig Jahren befreundet bin. Erika ist heute um die Siebzig, von großer Vitalität und mit einer unermesslichen Schaffenskraft ausgerüstet. Auf ihrem Hof haben bereits viele Seminare stattgefunden, und ich habe diesen Ort deshalb gewählt, weil er bereits ein wichtiges Hilfsmittel darstellt. Er hat etwas von einem Ort, an dem man neu anfangen kann, weil man sich sofort gut aufgehoben fühlt. Man empfindet sich dort in besonderer Form »richtig«. Die aufgestellten Skulpturen wirken wie uralte Bewohner des Hofes. Auch der alte Brunnen, die alte Brandmauer im Abschluss und die wunderschöne Bepflanzung an den Stallwänden und im Hof machen diesen Ort zu etwas Schönem und Verlässlichem. Ich habe schon viele Menschen hierherkommen sehen und immer wieder erlebt, wie schnell sie hinter ihren modischen Verkleidungen zum Vorschein kamen. Besonders deutlich wird das durch einen »Schatz«-Schrank, der mit vergessenen Pullovern und ostdeutschen Fleischerhemden, Westen, Cordhosen, alten Jeans, Hüten und, nicht zu vergessen, vielen von Erika zur Verfügung gestellten Arbeitsstiefeln in allen Größen voll ist. Ich habe über die Jahre jedes Kleidungsstück kennengelernt, und es macht mir immer wieder Freude zu beobachten, wie schnell ein neuer Gast sich an dem Schrank bedient und plötzlich in einem solch zeitlosen Aufzug der einfachen und/oder fantasievollen Art auftaucht. Es scheint so, als wolle kein Besucher dem Hof etwas Fremdes entgegensetzen, um sich nicht selbst fremd zu fühlen.

Der Hof beginnt auch auf die zehn Frauen des Seminars zu wirken. Sie schnattern bereits nach einer Stunde vertraut und lachen zusammen, bis Silvia erscheint.

Silvia hat die besondere Fähigkeit entwickelt, Raum einzunehmen und Aufmerksamkeit auf sich zu ziehen, indem sie aus irgendeinem spektakulären Grund zu spät kommt. (Ich kenne das bereits aus einem Kurs in Berlin.) Als sie gerade anhebt, die Geschichte ihres Zuspätkommens mit zahlreichen Ausschmückungen zu erzählen, unterbreche ich sie und beginne mit dem Seminar. Das sorgt bei ihr für einen wütenden Weinkrampf. Die anderen Frauen blicken irritiert von ihr zu mir, und als ich einfach weiterspreche, rennt Silvia ins Haus und knallt die Tür hinter sich zu. Farina ist starr vor Schreck. Fast kann ich Silvia dankbar sein, denn sie führt Farina gerade vor, dass man das Gegenteil von perfekt sein darf und das Leben in der Gemeinschaft danach trotzdem weitergeht.

»Unter anderem werdet ihr lernen, wie ihr in bestimmten Situationen euren Hund führt«, sage ich zur Eröffnung des Seminars. »Dazu gehört auch das Bewusstsein, dass ihr es seid, die diese Situationen gestaltet, und nicht mehr ein anderer.«

Eine halbe Stunde später kommt Silvia zur Gruppe zurück und macht bei den Übungen mit, als wäre nichts geschehen. Es ist deutlich zu spüren, dass auch die Frauen durch eine ganz besonders freundliche Umgangsweise mit ihr anerkennen, dass Silvia ihr Verhalten geändert hat. Farinas Blick ist anzumerken, dass sie die Welt nicht mehr versteht. Glaubte sie doch bisher daran, dass Fehler nie wiedergutzumachen sind.

Eine der folgenden Übungen besteht darin, sich als Paar gegenüberzustehen und auszuprobieren, welche Energie es braucht, das jeweilige Gegenüber in einer Handlung zu stoppen. Bevor die Frauen diese wirkungsvolle Energie finden, sollen sie zuerst einmal das tun, womit sie bei ihren Hunden sonst keinen Erfolg haben, etwa herumschreien, zögern, weil sie sich nicht trauen zu handeln, oder Ähnliches. Eine Partnerin darf sich eine Handlung aussuchen, die unterbrochen werden soll. Interessant ist, dass sich in dieser Rolle alle für ein kindliches Herumhüpfen entscheiden.

Ich bitte Farina, mit Silvia zu arbeiten, der sie vorhin so angstvoll hinterhersah. Ich möchte, dass sie hinter die Wut der Frau blicken und die Angst davor verlieren kann. Es ist spürbar, dass Farina Wut bereits als Druckmittel kennengelernt hat, dem sie sich beugen musste.

Zuerst spielt Farina den Hund und versucht, sich loszureißen, als Silvia sie festhält.

Silvia schreit daraufhin: »Hör auf, lass das!«, um Farina zur Ruhe zu bringen.

»Du darfst knurren, du bist jetzt ein Hund«, lade ich Farina lachend ein.

Sie wird rot und schüttelt den Kopf.

»Dann tu, was Lord macht, wenn du ihn anschreist«, ermutige ich sie weiter.

Farina stockt, dreht sich zu Silvia um, klemmt sich mit

ihren dünnen Unterarmen schraubstockartig an deren Schulter und blickt sie ruhig und fest an. Tatsächlich ähnelt sie ihrem Hund in diesem Moment auf verblüffende Weise.

Silvia ist so überrascht von der entschlossenen Energie der jungen Frau, dass sie aufhört zu schreien und alles Laute von ihr abfällt.

»Was war das denn?«, fragt sie betroffen, als die junge Frau sie wieder loslässt.

»Das war eine souveräne, ruhige Energie. Ich würde sie gern für alle hier abfüllen«, antworte ich lachend.

Am Abend kochen wir zusammen. Ich erwarte im Zusammenhang mit dem Essen Schwierigkeiten mit Farina und bin überrascht, auch bei anderen Frauen diesbezüglich Störungen wahrzunehmen.

»Das hat ganz wenig Fett und nur wenig Kalorien«, betont eine schlanke Frau immer wieder bei der Zusammenstellung der Gemüsepfanne.

»Es ist ja auch nur heute, wo wir alle zusammen sind. Da kann man ruhig feiern und am Abend auch mal zuschlagen«, sagt eine andere normalgewichtige Frau, während sie den Nachtisch zubereitet. Eine Frau mit fülliger Figur geht aus der Küche, als das Thema immer wieder angeschnitten wird. Allein Farina schneidet unerschütterlich das Gemüse. Ich kenne dieses Phänomen jedoch von anderen Magersüchtigen, die sehr gern kochen und Nahrung zubereiten: für andere.

Beim Essen selbst nimmt Farina erwartungsgemäß nicht mehr als drei Gabeln von der Gemüsepfanne, an denen sie dann jeweils in Zeitlupe kaut.

Am nächsten Morgen gehe ich mit meinen Hunden über

das Feld hinter dem Hof und entdecke Farina in der Ferne. Sie steht mit dem Rücken zu uns und bemerkt uns nicht. In ihrer Hand hält sie eine Schleppleine von vielleicht zehn Metern, die an Lord befestigt ist. Lord schnüffelt interessiert in dem riesigen Feldmäuseparadies um sich herum. Farina betrachtet den Hund lange und lässt plötzlich die Leine los. Ein Ruck fährt durch sie hindurch, als Lord einen Schritt zur Seite geht. Ihre Arme fliegen nach vorn und fallen, als Lord stehen bleibt, wieder herab. Sie geht wenige Meter von ihm weg und ruft: »Lord.« Der Hund hebt augenblicklich den Kopf und springt freudig zu ihr. Man sieht Farina auch aus der Entfernung die Erleichterung darüber an, dass sich Lord trotz all der Mäuse für sie entschieden hat. Dennoch bückt sie sich und nimmt die Leine wieder in die Hand. Dieses Wagnis nach zwei Jahren der absoluten Kontrolle hat sie wohl allen Mut gekostet.

Bei der gemeinsamen Frühstückszubereitung kommt mir ein unerwartetes Ereignis therapeutisch zu Hilfe. Wir haben die Tür zur Sommerküche geschlossen, weil sonst die kalte Morgenluft hereindringt. Wir decken gerade den Tisch, als ein lautes melodiöses Singen zu hören ist.

»Am Bruhunnen voor dem Tooooore …«, schmettert Erika in ihrem klaren Alt. Die Frauen stürzen zu den Fenstern, um die Quelle des frohen Gesanges zu sehen. Mit einer Vorahnung folge ich ihnen.

Und tatsächlich: Erika tut das, was sie jeden Morgen vom Frühjahr bis zum Herbst tut. Sie läuft splitternackt mit zwei Wassereimern in den Händen in die Mitte des Hofes. Fröhlich singend hebt sie den ersten Eimer an und schüttet sein kühles Nass über sich. »Huuuuuu, haaaa«, tönt es jetzt begeistert aus ihrer kräftigen Lunge. Ihr siebzigjähriger Körper wirkt kraftvoll in der Morgensonne. Er hat die zeitlose Unbefangenheit und Schönheit eines Tieres. Diese Fähigkeit, ganz in einem Moment zu leben, habe ich an Erika schon immer bewundert. (Sie hatte allerdings auch schon zur Folge, dass Erika zu ihren eigenen Vernissagen zu spät kam, weil sie sich an einen Moment verloren hatte, der erst unbedingt zu Ende gelebt werden musste, bevor der Moment ihrer Vernissage beginnen konnte.)

Die Frauen starren entgeistert auf die nackte Bildhauerin im Hof. Erika nimmt den zweiten Eimer auf und gießt sich das kalte Wasser über den Körper, während das Schubertlied seinem Höhepunkt entgegengeht.

»Der Huuuuut flog mir vom Kooooopfe. Ich weeeendete mihich nicht. Nun biiiiin ich manche Stuhunde entfernt von diesem Oooort…« Sie knallt die beiden leeren Eimer aneinander und läuft mit ihnen klimpernd und wie ein Kind lachend zurück ins Haus. »Und immer hör ich's rauschen… Du fäähändest Ruhe dort… Am Bruhunnen vor dem Tooore.« Die Haustür schließt sich hinter ihr.

Ohne ein Wort zu sagen, drehen sich die Frauen von den Fenstern weg. Das Geschenk, das Erika uns, ohne es zu wissen, gerade gemacht hat, liegt während des gesamten Frühstücks in der Luft. Keine der Frauen spricht mehr über Kalorien oder den Fettgehalt der Nahrung. Farina nimmt sich ein gekochtes Ei und isst es langsam und bedächtig, aber in Gänze auf.

Als ich Erika das Ganze später erzähle, sieht sie mich verständnislos an und wartet auf die Pointe.

Ich beschließe, Farina die Übung, vor der sie am meisten Angst hat, zuerst mit einem anderen Hund ausführen zu lassen.

Da die Unterbrechung der eigenen Automatismen auch für die anderen Frauen schwierig ist, tausche ich bei allen die Hunde aus. Farina lasse ich mit dem schwierigsten Hund, einem angstaggressiven türkischen Straßenhund, arbeiten. Der Hund heißt Jack und trägt in seinem kurzen schwarzen Fell unzählige Narben von Straßenkämpfen. Er hat die Größe eines Labradors und die Statur eines Pitbulls. Bisher hatte er sich die unangemessene Einmischung seines ängstlichen, zur Hysterie neigenden Frauchens erfolgreich mit Bissen verbeten. Ganz ähnlich wie Lord, der Farina mit seinem Anspringen maßregelt, wenn sie wütend oder angstvoll an ihn herantritt. Jack ist jedoch unsicherer als Lord und deshalb schärfer in seinen Handlungen. Auch macht er den Eindruck, als hätte er selbst schon einiges an menschlichen Aggressionen erlebt und nun die Entscheidung getroffen zuzubeißen, bevor ihm etwas passieren kann.

Ich habe bereits mit ihm gearbeitet und weiß, dass hinter dieser kriegerischen Fassade ein sehr weicher und lieber Charakter steckt, der gut auf eine souveräne Führung anspricht. Dennoch versehe ich ihn mit einem Maulkorb, solange Farina mit ihm arbeitet. Es ist ein weicher Gitter-Ledermaulkorb, der keine Bisse zulässt, ihn aber das Maul leicht öffnen und mit der Zunge Futter aufnehmen lässt.

Die junge Frau soll eine volle Dose mit Putenfleisch für sich beanspruchen und für Jack zum Tabu erklären.

Farina stellt die Dose, begleitet von einem »Scht«, auf den Boden und der ehemalige Straßenhund schießt in Erinnerung an seine frühere Überlebensstrategie rasant darauf zu.

Farina geht ihm ohne Zögern entgegen und blockiert den Weg. Zwei Krieger messen sich mit den Augen.

»Farina, sehr gut. Jetzt werd noch viel cooler«, rufe ich ihr zu. »Du darfst nicht mit ihm kämpfen, wenn du führen willst.«

»Wie mache ich das?«, ruft sie zurück und lässt den Hund nicht aus den Augen.

»Lass alle Emotionen beiseite. Du hast ja nichts gegen ihn. Er soll nur respektieren, dass die Dose dir gehört. Also beanspruche sie selbstbewusst und ruhig. Du kannst dynamisch auf ihn zugehen, damit er zurückweicht.«

Farina geht tatsächlich ruhig und souverän auf den Hund zu. Der hebt überrascht die Lefzen und weicht plötzlich schüchtern zurück, als Farina sich unbeeindruckt zeigt. Sie ist ebenfalls überrascht von seinem schnellen Rückzug und blickt mich fragend an.

»Du kannst nun auch zurückgehen. Du musst die Dose nicht verteidigen. Dazu bist du viel zu cool«, sage ich lachend.

Farina geht zurück und blickt ungläubig auf den Hund, der brav dasteht und an ihrem Blick hängt.

»Du kannst ihn auffordern, zu dir zu kommen. Falls er an die Dose will, musst du ihn warnen und notfalls handeln«, sage ich.

»Jack, hierher«, ruft Farina und bückt sich seitlich. Ich bin erstaunt, wie viel sie bereits von Hunden verstanden hat, denn ihre Körperhaltung ist gut auf das Zögern des Hundes abgestimmt, der zwar ein Krieger, aber eben auch sehr unsicher ist. Der Hund geht zögernd in ihre Richtung. Als er sich der Dose nähert und sein Blick in die Richtung des Putenschatzes wandert, warnt Farina punktgenau mit einem »Scht«. Der Hund registriert dieses gute Timing und schlägt einen Respektbogen, während er an der Dose vorbeigeht. Er läuft zu Farina und blickt sie erwartungsvoll an. Sie bückt sich und lobt ihn voll Freude.

»Darf ich ihm den Maulkorb abmachen?« Sie wirkt sehr sicher, als sie das fragt, und Jack sehr vertrauensvoll, deshalb hocke ich mich neben sie und erlaube es ihr. Jack schüttelt sich, als das Schnauzengefängnis ab ist, und leckt der noch hockenden Farina anerkennend über das Kinn. Dann wartet er brav auf weitere Anweisungen.

Die Augen der jungen Frau glänzen, und es ist ihr deutlich anzumerken, dass eine Veränderung in ihr stattgefunden hat. Dieses Gefühl von Kompetenz, mit dem sie dem angstaggressiven Jack helfen konnte, Vertrauen zu fassen, ist noch in ihr, als sie drei Stunden später mit ihrem eigenen Hund die lang gefürchtete Angstübung macht.

Farina atmet tief durch, lässt Lords Leine fallen und bedeutet ihm mit einem sanften »Sss« und einer leichten Neigung nach vorn, dass er bleiben soll. Lord sinkt sofort überrascht in eine sitzende Haltung.

Farina zögert jetzt, weil sie nun zurücktreten müsste, was Lord sofort als Unsicherheit interpretiert und maßregelnd an ihr hochsteigt, weil er sich ihre Regeln verbittet, solange sie unsicher ist.

»Denk daran, wie du dich selbst gefühlt hast, als Silvia heute unsicher war und dir Regeln aufstellen wollte. Die Energie, die du hattest, um dich dagegen zu verwahren, brauchst du jetzt«, rufe ich ihr zu.

»Ab!«, sagt Farina plötzlich und geht sehr bestimmt, aber

nicht aggressiv auf Lord zu. Er schnappt noch einmal zur Probe in ihren Blusenärmel. Farina quittiert dies mit einem schnellen Stüber zweier Finger in seine Breitseite. Lord legt sich augenblicklich hin. Das passiert so überraschend, dass alle Frauen die Luft anhalten.

»Nun kannst du spazieren gehen«, sage ich und weise auf den Hof. Farinas Augen weiten sich noch einmal vor Schreck über die Vorstellung, sich von Lord zu entfernen. Dass sie es dennoch tut, ist ein Liebesbeweis für ihren Hund – und für sich selbst. Man sieht ihr an, welche Überwindung es sie kostet, sich nicht umzudrehen. In einem Umkreis von zehn Metern beginnt sie umherzugehen, und mit jedem Schritt scheint sich etwas in ihr zu lösen. Ihre Bewegungen werden leichter, sie beginnt zu atmen, während sie vorher die Luft anzuhalten schien. Jede der Frauen blickt berührt auf das zarte Mädchen, das nun so kraftvoll wirkt.

»Du kannst jetzt zurückkommen und darfst deinen Hund anschauen«, rufe ich. Farina dreht sich um und blickt auf Lord, der sie nicht sehen kann, weil er auf der Seite liegt und schläft.

# Solisten unter sich

An einem trüben Vormittag fahre ich über das bunte Herbstlaub einer kleinen Berliner Straße. Das Training mit einem jungen Hund, der am Telefon von einer männlichen Bassstimme als »Springinsfeld« beschrieben wurde, wartet auf mich. An einem stuckverzierten, hübschen Mietshaus drücke ich eine Klingel. »Da sind Sie!«, ertönt der Bass in der Gegensprechanlage, und die Tür öffnet sich summend. In einem gläsernen Außenfahrstuhl schwebe ich in den fünften Stock.

Die Stahltür des Fahrstuhls öffnet sich ruckartig und gibt nach und nach die voluminöse Statur eines Riesen frei, der wie eine Wand den Ausgang versperrt. »Herzlich willkommen«, donnert der Bass, ergreift mit beiden Händen meine rechte Hand und zieht mich auf einen Treppenabsatz, der für uns beide zusammen bedenklich klein ist.

Vor seiner Wohnungstür angekommen deutet er auf einen kniehohen Junghund, einen schwarzen Labrador-Podenco-Mix. »Hier, das ist der Springinsfeld.« Der Springinsfeld dreht sich bei dem Versuch, zugleich mich und seine Schwanzspitze zu überfallen, quirlig um die eigene Achse. Immer wieder bricht er unvermittelt aus seinem Ringelreihen mit dem Schwanz aus, um flummiartig an mir hochzuspringen.

»Darf ich schon mal beginnen?«, frage ich, noch bevor ich die Wohnung betreten habe, und zeige auf den Hund, der jetzt in meine Hände schnappt und überdrehte Kläffer von sich gibt.

»Ich bitte doch sehr darum«, donnert der Bass und macht eine einladende Geste.

»Schttt!« Ich lasse das »T« mit einem Zungenschnalzer knallen. Der Hund starrt mich einen kurzen Moment lang verdutzt an, nimmt Anlauf und zeigt mir, dass er noch viel höher springen kann, wenn er will. Er macht seinem Kosenamen alle Ehre.

Ich will auf ihn zugehen und einen Zwei-Finger-Stüber als Konsequenz vor seinen Brustkorb setzen, aber er weicht geschickt aus. Aus zwei Meter Distanz werde ich von ihm mit schwarzen Knopfaugen taxiert und dann probeweise, mit einem Sprung nach vorn, in die Hose geschnappt. Ich fasse ihn am Schlafittchen, wie der Sachse sagt, also in der Nackenhaut, halte ihn ganz ruhig fest und hänge ihn aus. Seine Hinterpfoten lasse ich dabei auf dem Boden, weil er für diesen »Muttergriff« bereits etwas zu schwer geworden ist. Es ist eigenartig, mit anzusehen, wie ein Hund durch das Absinken in seine eigene Haut bei sich selbst anzukommen scheint und sich plötzlich entspannt. Die Erinnerung an seine hündisch-mütterliche Erziehung lebt in jedem Hund weiter, auch wenn er nun mit Menschen zusammen ist. Ich lasse los, und der junge Hund fällt auf die Vorderpfoten zurück. Er schüttelt sich kurz und läuft in lockerem Gang den Flur entlang von mir weg. Ich hocke mich auf den Boden, um meine Füßlinge über die Schuhe zu ziehen. Aus dieser Perspektive und Höhe wirkt der Bullmastiff, der gerade um die Ecke kommt, besonders beeindruckend. Es ist keine Übertreibung, wenn ich sage, dass mir sein Kopf zweimal so breit wie mein eigener erscheint. Zumal sich dieser nun genau vor dem meinen befindet. Um die Schnauze des

Bullmastiffs herum hat sich in das Braun seines Felles schon großflächig Weiß gemischt. Seine freundlichen Augen blicken ein wenig trüb in die meinen. In einem Tempo, das ich nicht von ihm erwartet hätte, schnellt eine lange und nicht minder breite Zunge aus seinem Maul und wischt mir von unten nach oben mit einem Zug über das ganze Gesicht. So habe ich unverhofft ein Rendezvous mit einem riesigen Hundeopa.

»Tut mir leid«, mischt sich die Männerstimme in unser Tête-à-tête, »er meint es immer sehr gut.«

Ich lache und sehe dem Bullmastiff hinterher, der nun gemächlich davonschlurft.

Als hätten sich die Hunde in einer geheimen Rollenbesetzung abgesprochen, taucht dafür im nächsten Augenblick wieder der Springinsfeld mit einem Plüschtier im Maul auf. Er bleibt in zwei Meter Entfernung vor mir stehen und beginnt mit einem Konzert auf der Quietsche, die offenbar in dem Spielzeug verborgen ist. Das ist lustig anzusehen, denn die zugegebenermaßen sehr modernen Töne untermalt der Hund, indem er seinen Kopf auf jede erdenkliche Weise schieflegt.

»Sie sollten mit den Hunden zur Bühne gehen«, sage ich.

Der Mann lacht, und es hört sich an wie ein Donnergrollen.

»Bin ich schon, bin ich schon«, skandiert er. »Aber natürlich ohne die Vierbeiner.« Er lacht noch einmal herzhaft über die Vorstellung und bittet mich in ein Zimmer.

»Aaah, Sie sind Opernsänger?«, frage ich, als ich den Flügel sehe, der in einem geräumigen Erker steht und der von vielen Programmplakaten links und rechts an den Wänden flankiert wird.

»Ja-ha-ha-ha-haaa!«, schmettert er und wirft sich dabei scherzhaft in die Brust.

Wie ähnlich Hunde ihren Menschen und Menschen ihren Hunden sein können, erlebe ich jeden Tag. Aber es ändert nichts an meiner Verblüffung über eine solche Wesensverwandtschaft zwischen zwei ganz unterschiedlichen Arten. Dass aber der wichtigste Akt einer bühnenreifen Aufführung hier erst noch kommen wird, ahne ich nicht.

»Erziehung braucht er«, fasst der Opernsänger sein Anliegen zusammen, während er auf den jungen Hund deutet, der sein Spielzeug gerade in alle Einzelteile zerlegt. Ein prüfender Blick aus den schwarzen Knopfaugen des Hundes zeigt, dass ihm nicht unwichtig ist, ob seine Leistung im Kampf gegen das Plüschtier wahrgenommen wird oder nicht.

»Wie würden Sie ihm denn zum Beispiel jetzt gerade deutlich machen, dass Sie nicht wollen, dass er das Spielzeug zerstört?«, frage ich.

»Maxwell! Das darfst du nicht kaputt machen. Das ist bähbäh«, ruft der Mann nun in viel höherer Stimmlage. Ungläubig und überrascht blicke ich ihn an, denn es entbehrt nicht einer gewissen Komik, wenn ein riesiger, massiger Mann plötzlich in Kindersprache spricht. Der so angesprochene Maxwell fühlt sich durch diesen vermeintlichen Zuspruch offenbar angespornt und lässt mit einem heftigen Schütteln des Spielzeuges die Plüschfetzen fliegen.

»Bring dem Papa das mal her. Jetzt wird gehorcht!« Der Riese streckt dem Springinsfeld die Hand entgegen, offenbar in der Erwartung, dieser würde nun das Spielzeug apportieren. Dem jungen Hund scheint zu dämmern, dass das Spielzeug noch toller ist, als er bisher annahm, weil sein Mensch es nun auch haben will, und rennt in übermütigen Sprüngen damit durch das Zimmer. Der Mann versucht, ihm zu folgen. Der Springinsfeld springt auf die Sitzflächen zweier Stühle, die an einem Tisch stehen, klettert dann auf den Tisch, hechtet wagemutig hinunter auf einen Sessel und versteckt sich zwischen dessen Beinen. Er scheint diesen Parcours bereits bestens zu kennen, denn er meistert ihn mit großer Geschicklichkeit. Damit es spannend bleibt, wartet er nun, bis der Mann ihn fast erreicht hat, und jagt erst dann wieder davon.

Als er ein braunes Ledersofa überquert, entdecke ich den braunen Bullmastiff, der dort, farblich gut getarnt, schon die ganze Zeit über gelegen zu haben scheint. Obwohl der junge Hund über ihn hinwegstürmt, öffnet er nicht einmal die Augen. Maxwell verschwindet aus unserem Blickfeld hinter das Sofa. »Sehen Sie, er hört kein Stück«, sagt der Mann und setzt sich seufzend auf einen Stuhl an einen Tisch. Dann bittet er auch mich, dort Platz zu nehmen.

»Wissen Sie, er ist seit der zehnten Woche bei mir. Ich habe ihn jetzt vier Monate und wollte eigentlich keinen Trainer mehr an einen meiner Hunde lassen. Aber er hat ein ganz anderes Temperament als Berthold«, hier deutet er auf den Bullmastiff, »und Sie wurden mir von einem Kollegen empfohlen, deswegen …« Er lässt das Ende des Satzes offen.

»Haben Sie denn schon schlechte Erfahrungen mit einem Hundetraining gemacht?«, erkundige ich mich, obwohl das nicht zu meinen Lieblingsthemen gehört. Mir erscheint es jedoch wichtig, auf einen solchen Hinweis einzugehen, wenn ich zu einem Vertrauensverhältnis finden will.

»Schlecht!?«, das Wort bricht aus ihm heraus wie ein Donnerschlag. »›Sauschlecht‹ ist das richtige Wort! Sicher können Sie sich vorstellen, dass selbst ein großer Mensch wie ich Probleme hat, wenn ein Kerl wie Berthold stark an der Leine zieht.« Er hält sich, um das Ganze zu illustrieren, mit schmerzverzerrtem Gesicht die rechte Schulter. »Als der Hund jung war, fuhr ich mit ihm zu einem weit entfernten Hundespezialisten. Seine Frau versprach am Telefon, dass sich das Thema nach fünf Minuten erledigt hätte, wenn ich in eines der Seminare käme. Das fand dann auf einem Feld statt. Gleich zu Beginn der Veranstaltung tauchte dann plötzlich ein Reh ohne Seminaranmeldung auf. Mein Berthold ging in die Leine und wollte hinterher. Ich konnte ihn kaum halten. Der Hundespezialist kam zu Hilfe und machte das, was er bis heute praktiziert: Er demonstrierte seinen Leinenruck. Das ist nicht so ein Zerren am Geschirr oder Halsband, wie Sie es vielleicht von Passanten kennen, die ihren Hund nicht im Griff haben. Er riss die Leine mit einer Massivität nach hinten, die an Brutalität kaum zu überbieten war. Noch ehe ich sie ihm wegnehmen konnte, knackte es – und bei diesem Hund, mit dieser Statur«, er breitet die Arme aus, um das Ausmaß des Hundekörpers anzudeuten, »war das Brustbein angebrochen.« Er lässt die Faust auf den Tisch knallen, um seiner Empörung mehr Ausdruck zu verleihen. »Stellen Sie sich vor, Berthold hätte nicht mehr sein Geschirr, sondern schon, wie im Training vorgesehen, ein Halsband umgehabt …«

Ungläubig schüttele ich mit dem Kopf. Und obwohl ich sonst vor Kunden über die Arbeit anderer Hundetrainer schweige, frage ich nach: »Im Ernst?«

»Ja klar. Glauben Sie, ich hätte Lust, mir so etwas auszudenken? Da käme man ja gar nicht drauf«, entrüstet er sich.

»Und was ist dann passiert?«, erkundige ich mich.

»Na, ich bin abgefahren. Sofort! Hab ihn angezeigt. Ohne Erfolg! Ist im Sand verlaufen. Danach habe ich mir gedacht, wenn sich Hundetrainer so etwas erlauben dürfen, dann lasse ich nie wieder einen an meinen Hund.« Er schweigt und blickt mich an, als ob er nun von mir eine Stellungnahme dazu wünscht.

»Das kann ich gut verstehen. Was hatte dieser Vorfall denn für Auswirkungen auf Berthold?«, will ich wissen.

»Er lässt sich seitdem kein Geschirr mehr umlegen. Ist nie wieder möglich gewesen. Er hat sich dann immer auf den Boden geworfen und ist keinen Schritt mehr gegangen. Also hat er ein Halsband getragen und durfte ohne Leine laufen. Da kann er ja auch nicht ziehen.« Der Mann lacht. »Und nach all den Jahren, er ist jetzt zehn, sind wir sowieso ein Dreamteam.«

Er blickt verliebt auf Berthold, der auf dem Rücken schlafend das Sofa anwärmt. Die Lefzen des Hundes sind der Schwerkraft gefolgt und zur Seite geklappt, was seinem Maul einen grinsenden Ausdruck verleiht.

»Gut, dann kommen wir zum Springinsfeld«, zitiere ich lachend seine Bezeichnung für den jungen Hund. »Ich arbeite zwar ohne jegliche Art von Gewaltanwendung, Grenzen setze ich aber dennoch. Einfach, weil sie der Natur des Hundes entsprechen und deshalb in der Erziehung und im Zusammenleben mit ihm unverzichtbar sind.«

Der Mann greift sich in seine vollen, blondgelockten Haare, streicht sie zurück und massiert dabei die Kopfhaut.

»Also, egal welcher Art die Grenzen sind: Ich will sie für meine Hunde nicht haben. Ich will nur freundliche Erziehung. Ich bin Künstler und mag es gern kreativ, freiheitlich und nicht diktatorisch. Mit dieser Erwartung habe ich Sie angerufen.« Er blickt mich prüfend an.

»Müssen Sie sich nicht an die Regeln einer Partitur halten, wenn Sie in einer Oper singen?«, frage ich gespielt erstaunt.

Der Mann braucht einen Moment, um mir zu folgen.

»Äh, ja natürlich. Aber das ist doch nicht vergleichbar, oder?«, fragt er, nun doch etwas unsicher geworden.

»Ich finde den Vergleich sogar ganz passend«, erwidere ich lachend. »Würde in einem Orchester jeder Musiker nur kreativ und freiheitlich spielen, gäbe es ein riesiges Durcheinander. Deshalb ist ein Dirigent nötig, der die Kreativität der Einzelnen zu einem harmonischen Ganzen zusammenführt. Wenn Sie mir erlauben, meinen Eindruck zu schildern: Sie und Ihre Hunde wirken auf mich wie wunderbare und einzigartige Solisten, aber es ist kein Dirigent vorhanden. Maxwell spürt das und versucht, diese notwendige Rolle einzunehmen. Natürlich muss er daran scheitern. Nicht nur, weil er zu jung und unerfahren ist, sondern auch, weil er mit Ihnen in einer menschlichen Welt lebt, die Sie besser einschätzen können als er. Bisher äußert sich Maxwells Überforderung durch Überdrehtheit und ein jugendlich-dominantes Verhalten. Das ist jedoch häufig der Einstieg in Aggressionen und Verhaltensstörungen. Die Grenzsetzungen, von denen ich spreche, sollen durchaus freundlich und angemessen sein, aber eben auch bestimmt. Ein Leitwesen, wie ein Leithund oder ein Dirigent, muss diese Entschlusskraft ja unbedingt ausstrahlen, damit andere Vertrauen in seine Entscheidungen haben können. Es wird meiner Meinung nach höchste Zeit, dass Sie hier zu Hause von Ihrer Rolle des Sängers in die des Dirigenten wechseln.«

Der Mann greift sich wieder in die Haare. »Wenn man es so betrachtet … Was für ein beruflicher Aufstieg.« Seine stattliche Bauchmasse bebt unter einem grünen Kaschmirpullover, während er lacht.

In das Lachen mischt sich von fern ein metallisches Kratzen. Während mein Blick umherstreift, um die Ursache des Geräusches ausfindig zu machen, sehe ich, dass das Sofa leer ist.

Nur Maxwells Schnauze lugt seitlich dahinter hervor, sie liegt auf dem zerfledderten Spielzeug. Ich vermute, dass der junge Hund schläft. Berthold ist verschwunden.

»Ach«, der Mann schlägt sich mit der flachen Hand vor die Stirn. »Ich habe Berthold vergessen. Nach seinem Vormittagsschlaf pflegt er ein ganz bestimmtes Ritual.« Er streckt bedeutsam den Zeigefinger in die Luft. Dann stützt er sich am Tisch ab und erhebt sich. Mit einem Winken bedeutet er mir, dass ich ihm folgen soll.

Er führt mich zu einer geräumigen Küche, deren gesamte linke Wandseite von einem riesigen alten Apothekenregal eingenommen wird. In der Mitte des Raumes bietet ein massiver Holztisch Platz für mindestens zwölf Personen. Der moderne hohe Kühlschrank sticht nicht nur durch seine rote Farbe hervor, sondern auch durch Verzierungen, die keinem Stil in dieser Wohnung entsprechen. Es sind unzählige Kratzer darauf zu sehen, die bereits eine große, aufgescheuerte Fläche bilden. Es ist nicht schwierig, den Verursacher auszumachen. Er steht direkt davor.

Jetzt blickt Berthold auf den hinzugekommenen Mann und zurück zum Kühlschrank. Mehrfach wandert sein Blick hin und her, als müsse er einem begriffsstutzigen Menschen zu einer Lösung verhelfen. Der Opernsänger sieht mich an und hebt bedeutungsvoll die Brauen. Dann öffnet er den Kühlschrank und holt einen Becher hervor, den er in meine Richtung hält. »Crème fraîche«, raunt er bedeutungsschwanger. Etwas irritiert wundere ich mich darüber, dass der Mann diese Vorliebe für Sahne bei einem Hund für etwas Besonderes hält und bereite mich darauf vor, einem Becherausschlecken beizuwohnen, das ich toll finden soll. Zu meinem Erstaunen füllt der Mann mehr als zwei Drittel des Bechers mit einem Löffel in eine Tasse und stellt diese wieder in den Kühlschrank.

»Kommt an mein Abendbrot«, erklärt er, als er meinen ratlosen Blick bemerkt. Jetzt bin ich vollends durcheinander, denn die winzige, im Becher verbliebene Menge ist angesichts des riesigen Hundes ein Witz. Berthold jedoch schnappt sich zufrieden den ihm dargebotenen Becher mit dem spärlichen Rest und verschwindet damit in Richtung Wohnzimmer.

»Nun geht's los«, kommentiert der Mann das Geschehen, und wir folgen dem Hund. Berthold thront bereits wieder auf dem Sofa und hat den Becher Crème fraîche neben sich abgelegt. Als Maxwell seine Schnauze ebenfalls auf die Sofakante schiebt und mit sehnsüchtigem Schmachten Interesse am Becher bekundet, verwarnt ihn Berthold mit einem starren Blick. Maxwell weicht zurück und legt sich in respektvollem Abstand auf den Boden.

»Sehen Sie, so kann ein souveränes Abbruchsignal bei Hunden aussehen«, sage ich und zeige auf die Szene.

»Maxwell hält jetzt respektvollen Abstand, weil Berthold ›Stopp‹ gesagt hat.«

»Aber er sagt doch gar nichts«, entgegnet der Mann mit skeptischer Verwunderung.

»Sein Blick sagte alles«, erwidere ich und betone das letzte Wort. »Wenn ein Dirigent einen Musiker strafend anblickt, weil dieser durch seine Unaufmerksamkeit schon mehrfach den Einsatz verpasste, reicht das auch als Verwarnung und als Hinweis auf eine eventuell folgende Konsequenz aus. Maxwell hat die Entschiedenheit des Blickes verstanden und weiß, dass Berthold es ernst meint und es keinen Zweck hat weiterzubetteln.«

»Nun ja, er hat den Becher noch nie bekommen«, sagt der Mann zustimmend, aber zerstreut. Seine Gedanken scheinen bei etwas anderem zu sein.

Mit »Die Hauptsache kommt doch erst noch« verrät er mir den eigentlichen Focus seiner Aufmerksamkeit und zeigt mit einem nachdrücklich wippenden Zeigefinger auf Berthold.

Ich blicke auf den kräftigen Hundeopa, der jetzt die dicke Nase in das kleine Plastikbehältnis gesteckt hat, und erwarte, dass seine Zunge nun den Becher leert. Doch Berthold holt nur lange und geräuschvoll schnaufend Luft, und ich wundere mich darüber, dass er sich mit einem Becher die Nase abgedeckt hat, sodass er nun kaum noch Luft bekommt. Die ganze Situation erscheint mir immer seltsamer. Plötzlich rollt Berthold auf die Seite und dann auf den Rücken. Die Hinterbeine klappen weit auseinander, die Vorderpfoten umschließen fest den Becher vor seiner Nase. Er sieht aus wie ein riesiges Baby.

»Nnnnnchrrrrrr, nnnchhhhhhr«, ertönt es gedämpft durch die dünne Plastikwand des Bechers. »Rochrrrrrr, rooochrrrrrrrr«, steigert sich sein Atmen. Er hat die Augen selig geschlossen, und erst in diesem Moment verstehe ich, dass dieser Hund die Crème fraîche nicht fressen will, sondern schnüffeln. So wie es Menschen gibt, die sich zum Beispiel den Geruch von Klebstoff »reinziehen«, inhaliert Berthold den Geruch von Crème fraîche.

»Okay, jetzt verstehe ich. Das ist ja ein Ding.«

Ich muss den Anblick erst verarbeiten.

»Und wie lange braucht er jetzt dafür?«

Der Mann blickt prüfend auf den Hund. »Ich denke, weil er heute besonders gemütlich drauf ist, eine halbe Stunde oder so.«

»Und er macht das jeden Tag?« erkundige ich mich noch immer erstaunt.

»Jeden Tag ungefähr um diese Zeit. Er hat das irgendwann einmal begonnen, als ich ihm einen Rest zum Auslecken gegeben habe. Ich hielt das für eine Supernummer und gab ihm immer mal wieder einen Becher. Bis er plötzlich anfing, selbst zu entscheiden, wann er ihn haben will. Sie haben es ja am Kühlschrank gesehen.«

»Das ist wahrscheinlich die einzige humorvolle Sucht, die ich bisher kennengelernt habe«, sage ich schmunzelnd.

Dann klatsche ich mir kurz mit der Hand auf den Oberschenkel: »Wie ist es, wollen wir uns jetzt dem Springinsfeld widmen?«

»Oh ja, mein Gott, jetzt hat uns der Berthold ganz aus dem Konzept gebracht«, sagt der Mann entschuldigend.

»Maxwell, komm mal her«, lockt er den jungen Hund mit

vornübergebeugtem Oberkörper. Der junge Hund läuft freudig auf ihn zu und wirft das inzwischen um zwei Drittel dezimierte Spielzeug vor den Mann. Die roten Plüschreste sind um das Sofa verteilt.

»Sie könnten dieses Spielzeug zum Beispiel einmal in der Weise beanspruchen wie Berthold seinen Becher«, schlage ich vor.

»Aber ich will es doch gar nicht haben, warum muss ich es ihm denn dann wegnehmen?«, fragt der Mann erstaunt.

Ich muss nachdenken, denn auf alle Fragen bin auch ich nicht vorbereitet. »Vielleicht trifft es dieser Vergleich nicht ganz, aber ein Dirigent will auch nicht die Noten seiner Musiker in seinen Besitz bringen, er muss sie jedoch gestalten. Wenn ein Musiker ein Adagio zu schnell spielt, würden Sie ihn als Dirigent auch zur Zurückhaltung mahnen und diese notfalls durchsetzen. Sie brauchen also nicht scharf auf das Spielzeug Ihres Hundes sein, um zu entscheiden, in welcher Weise er damit umgehen soll. Wenn Sie nicht möchten, dass er es zerlegt und dabei vielleicht die Plastikquietsche oder den Plüsch verschluckt, können Sie ihm das sagen.«

»Gut, und wie mache ich das?«, fragt der Mann in nicht sonderlich überzeugtem Tonfall.

Ich überlege gerade, wie ich ihn dazu motivieren kann, aus eigener Überzeugung heraus Regeln aufzustellen und nicht, weil ich es verlange. Da kommt mir der Hund selbst zu Hilfe. Des zerfledderten Plüschrests nun offenbar überdrüssig geworden, springt Maxwell mit einem riesigen Satz auf das Sofa und attackiert ein reich mit Blumen besticktes Sofakissen. »Rrrrrrrrrrr«, wird das Kissen darüber informiert, dass es ihm nun an die Federn geht.

»Lässt du das bleiben!!!«, donnert der Bass. Und entschuldigend zu mir gewandt: »Das ist ein Erbstück meiner Großmutter!«

Maxwell beginnt das Kissen zu schütteln.

»Schluss!« Der Mann greift nach dem Hund, der sich seinem Griff geschickt entzieht und mit dem Kissen davonläuft.

Ich nutze den Vorteil, dass sich Maxwell nur nach hinten gegen den Mann absichert, und schneide ihm von vorn den Weg ab. »Ssssst!« Überrascht stoppt er und blickt sich nach einem geeigneten Fluchtweg um. Der Mann bemerkt die Absicht des Hundes und kommt näher heran, um Maxwells Möglichkeiten einzuschränken. Maxwell will eine seitliche Lücke nutzen, doch der Mann steht schon vor ihm.

»Schhhh!« Dieser Laut klingt bei dem Opernsänger, als wäre aus einem Fahrradschlauch die Luft mit einem einzigen Stoß entwichen. Beindruckt lässt Maxwell das Kissen fallen.

Der Mann bückt sich und hebt es auf. Der junge Hund, von der Bewegung der Beute erneut angestachelt, springt an ihm hoch und versucht, in das Kissen zu beißen. Der Mann zieht es nach oben und hält es über seinen Kopf. Die Sprünge des Hundes werden höher. Um sich abzustützen, landet er mit den Vorderpfoten auf der Brust des Mannes.

»Wenn Sie etwas als Ihr Eigentum erklären wollen, dürfen Sie es nicht in Sicherheit bringen, sondern müssen es beanspruchen. Schieben Sie dabei den Hund von dem Gegenstand weg, statt diesen von ihm wegzuschaffen. Am besten,

Sie lassen das Kissen einfach einmal auf den Boden fallen, erklären es mit ›Scht‹ oder ›Nein‹ zum Tabu und korrigieren Maxwell, wenn er heranwill. Dann haben Sie das gleich geklärt.«

»Was kann ich denn machen, wenn er trotzdem dran will?«, fragt der Mann und hält weiter mit einem Arm das Kissen nach oben.

»Sie können ihn zurückschieben oder Ihren Fuß auf das Kissen stellen«, schlage ich vor.

Unvermittelt lässt der Mann das Kissen fallen, stellt einen Fuß darauf wie ein Torero und streckt die Hand nach vorn. »Nein!« Der Hund ist einen Moment unschlüssig, springt dann jedoch nach vorn und setzt ebenfalls eine Pfote auf das Kissen. »Nein! Nein!! Nein!!!«, ruft der Mann. Der Hund schnappt in das Kissen hinein. »Es klappt nicht«, sagt der Mann resigniert und gibt das Kissen frei, indem er zurücktritt.

Damit dem Erbstück kein Unbill passiert, nehme ich schnell die von ihm aufgegebene Position ein und trete, mit meinen Stoff- Füßlingen unter den Stiefeln, auf das Kissen. Maxwell weicht nach diesem Stellungswechsel zurück, um kurz darauf versuchsweise wieder nach vorn zu gehen. »Ssst!« Ich trete ihm entgegen und vor das Kissen. Als er versucht, um mich herumzuspringen, schnappe ich ihm mit zwei Fingern kurz in die Seite. Er dreht ab, nicht ohne sich noch mehrfach empört wuffend umzudrehen.

»Er beschwert sich«, sagt der Mann in besorgtem Tonfall.

»Natürlich. Jeder beschwert sich, wenn ihm noch nie eine Grenze gesetzt wurde und er nun plötzlich mit einer Regel konfrontiert wird. Das heißt jedoch nicht, dass ihm nicht vollkommen klar ist, was gerade passiert. Ein anderer Hund würde auch seine Pfote nehmen und sie schützend vor die ›Beute‹, auf sie drauf- oder um sie herumlegen, wenn er sie für sich beansprucht.« Ich illustriere das, indem ich in die Hocke gehe und mit der rechten Hand eine Pfote imitiere, die ich kurz auf, vor und um das Kissen bewege.

»Wenn Maxwell Menschen bei einer Abbruchhandlung noch nicht ernst nimmt, ist das einfach ein Ausdruck dafür, dass er Ihnen nicht zutraut, sich durchzusetzen. Sie haben vorhin zum Beispiel dreimal hintereinander ›Nein!‹ gerufen. Das war so eine Situation, in der er die Erfahrung gemacht hat, dass Sie zwar ein Meister der Warnung sind, aber nicht handeln.« Ich lache, um dieser Feststellung die Schärfe zu nehmen.

»Vielleicht versuchen Sie es erst einmal mit einem Geräusch, auf das Sie sich selbst besser konzentrieren können. Das Wort ›Nein‹ ist für den Hund zwar auch ein Geräusch, aber weil es zu unserer Alltagssprache gehört, verfallen wir dabei schnell in Wiederholungen, die uns vom Handeln abhalten. Bei Ihrem Hund Berthold reichte eine Warnung aus, um Maxwell von seinem Becher fernzuhalten. Der Jungspund hat bei ihm ganz sicher schon mehrere Erfahrungen mit Konsequenzen gemacht und überprüft deshalb gar nicht mehr, ob sie folgen würden. Das könnte auch Ihr Ziel sein. Wenn Sie warnen und handeln, wenn die Warnung nicht beachtet wird, wird Maxwell auch nicht mehr jedes Mal eine Konsequenz herausfordern.«

Berthold hat seine Rückenlage nicht verändert, könnte jedoch eingeschlafen sein, denn sein Atem ist unter dem

Crème-fraîche-Becher leiser geworden. Es sieht aus, als sei er mit einer überdimensionalen Clownsnase ausgestattet.

»Ich denke, ich habe jetzt verstanden, was Sie meinen«, sagt der Mann in verändertem Tonfall. »Es tut also dem Kerlchen nicht gut, wenn es machen kann, was es will. Das war mein Denkfehler. Aber Sie haben Recht. Wenn jeder machen würde, was er will, gäbe es ein heilloses Durcheinander, und in wichtigen Situationen würde dann alles schieflaufen.«

Ich hebe zustimmend meinen Daumen und lache. »Das ist gut gesagt.«

Der Mann bückt sich entschlossen, nimmt das Kissen und wirft es wieder auf den Boden. »Sch.« Maxwell wittert eine neue Chance und springt auf das Kissen zu. Der Mann tritt ihm überraschend entschieden entgegen und blockiert den Weg. Der junge Hund spürt die Veränderung und reagiert mit einem perplexen Zurückweichen. Seine schwarzen Knopfaugen mustern den Mann. Er wägt ab.

Der Mann schätzt die Situation gut ein und geht noch einen weiteren Schritt auf den Hund zu, um seinen Entschluss mit Nachdruck zu demonstrieren. Der Hund sinkt in eine sitzende Haltung nach hinten und legt die Ohren an.

»Sie können jetzt zurücktreten und ›die Luft‹ herausnehmen!«, rufe ich. »Das Kissen gehört nun Ihnen.«

Der Mann tritt langsam hinter das Kissen und beobachtet Maxwells Reaktion.

»Sie dürfen nicht darauf warten, ob er es wieder nehmen will. Das spürt er«, sage ich, um ihn abzulenken. »Sie können ganz selbstbewusst darauf vertrauen, dass das Erbstück nun ganz Ihnen gehört.«

Der Mann richtet sich sehr gerade auf und streckt seinen umfangreichen Bauch nach vorn. Der Hund blickt ihn erwartungsvoll an und bleibt sitzen.

»Das ist nicht schlecht«, sagt der Mann, als würde er den ersten Bissen einer Speise beurteilen. Offenbar auf den Geschmack gekommen, beginnt er nun im Raum umherzulaufen und zu testen, ob der Hund das Kissen weiter ignoriert. Maxwell streckt prüfend den Kopf in die Richtung des begehrten Objektes. Der Mann macht aus fünf Meter Entfernung geistesgegenwärtig »Sch!« Die Augen des Hundes wenden sich ihm sofort zu.

»Also, das ist besser, als ich dachte.« Der Mann scheint seine frisch erworbene Dirigentenrolle zu genießen, denn er fährt sich mit beiden Händen behaglich über den Bauch. Dann nimmt er das Kissen vom Boden auf, klopft es ab und stellt es mit zufriedener Miene auf seinen Sofaplatz zurück.

»Da möchte ich gern noch eine Trainingsstunde machen.« Er setzt sich an den Tisch und schlägt seinen Terminkalender auf.

»Nnnnnnnnnnnnnnnnnnnnnnnnnnnnnnrrrrr!« Wir zucken beide zusammen. Berthold ist, nach seinem letzten, intensiven Schnüffelzug, mit der riesigen Zunge in den winzigen Rest Crème fraîche gefahren und leckt ihn mit zwei Zungenschlägen auf. Dann spuckt er den leeren Becher in die Luft.

Plopp. Und der Becher rollt vom Sofa.

Maxwell stürzt darauf zu, um sich ihn zu schnappen, und blickt dabei prüfend zu Berthold. Der alte Hund dreht demonstrativ den Kopf weg, um sein Desinteresse zu bekunden. Maxwell beißt begeistert in den Becher, trägt ihn mit weit nach hinten geworfenem Kopf und durchgedrückten Gelenken triumphierend durch den Raum und sieht mit seinen nach oben gezogenen Lefzen aus, als ob er grinst.

»Aber jetzt hat er ihn ja doch!?«, ruft der Mann verwirrt.

»Weil Berthold den Becher freigegeben hat«, kommentiere ich den Vorgang und füge hinzu: »Das ist das Schöne an Entscheidungsträgern. Sie dürfen jederzeit ihre Meinung ändern, wenn das sinnvoll ist.«

Der Mann betrachtet seine beiden Hunde und sagt: »Na dann … Wenn ich das gewusst hätte.«

# Begeisterung sieht anders aus

Ich hatte ein Gelände, auf dem ich vor Jahren arbeitete, von der Deutschen Bahn angemietet. Ein Glückstreffer, denn es liegt ganz zentral in meinem damaligen Wohnbezirk, dem Prenzlauer Berg. Um das Trainingsgelände herum nutzten auch andere Menschen die grüne Oase inmitten des Stadtgebiets.

Im Frühling 2009 sitze ich dort auf einem Zeltstuhl in der Sonne und halte mein Gesicht in die ersten wärmenden Strahlen. Ich genieße diese kurze Pause bis zum nächsten Trainingsbeginn, als plötzlich dumpfe Trommelschläge unmittelbar neben mir die Stille zerschlagen. Sie kommen aus einem Busch, vielleicht zwanzig Meter entfernt.

Ich stehe auf und sehe einen jungen Mann mit blonden Rastalocken auf der von mir abgewandten Seite des Busches sitzen. Er steht entweder noch am Anfang seiner Bongokarriere, oder er beabsichtigt, sich in Trance zu versetzen, denn sein Trommeln beschränkt sich auf einen einzigen eintönigen Rhythmus. Im Schneidersitz, die Bongos vor sich, trommelt er mit selbstvergessenem Blick zum Himmel. Er scheint dabei mit allem im Reinen zu sein, und die Unschuld, die er ausstrahlt, hält mich fast davon ab, ihn zu stören. Mit Rücksicht auf meine nächste Kundin bleibt mir jedoch nichts anderes übrig.

»Junger Musiker, auch ich liebe Musik, aber ich muss hier jetzt leider arbeiten. Könntest du vielleicht dort hinten ein schönes Plätzchen für dich auftun?« Ich zeige auf das weitläufige Gelände.

Der Musiker blickt mich offen an: »Oh, was arbeitest du denn?«

»Ich bin Hundetrainerin und zeige Menschen, wie sie mit einem Hund umgehen können«, erkläre ich mein Tun.

»Wow, das ist ja echt abgefahren. Und immer im Freien. Geil.« Er erhebt sich gemächlich. »No Problem. Dann rutsche ich mal rüber.« Er weist auf eine Baumgruppe, ungefähr 300 Meter entfernt. Ich blicke seinem schlurfenden Abgang mit einer gewissen Bewunderung hinterher.

Die große schlanke Frau, die kurze Zeit später mit ihrem Malinois auf mich zukommt, geht sehr aufrecht. Sie besitzt die lockere Anmut einer Läuferin. Ihre frische Gesichtsfarbe leuchtet, und ihr brauner Pferdeschwanz wippt bei jedem Schritt auf und ab.

Der Malinois, eine kurzhaarige Ausprägung eines belgischen Schäferhundes, läuft in geduckter Haltung und ständig um sich blickend dicht neben ihr her. Bereits von Weitem ist zu sehen, dass er auffällig dünn ist. Seine Rippen stehen unter seiner Haut hervor. Kurz bevor die Frau und der Hund mich erreicht haben, fährt am Ende des weitläufigen Geländes eine S-Bahn vorbei. Der Malinois springt sofort in die Richtung des Zuges und erwürgt sich fast selbst mit der Leine, während er in heller Aufregung fiept. »Nun haben Sie es gleich gesehen«, sagt die Frau, und wir geben uns die Hand.

»Aijajai, der arme Kerl«, sage ich mit Blick auf den inzwischen völlig aus dem Häuschen geratenen Hund, der dem letzten Waggon der S-Bahn ein hysterisches Bellen hinterherschickt.

»Wir können uns hierhin setzen«, schlage ich vor und

lade sie hinter einen Stapel Paletten ein, der die Sicht auf die S-Bahn versperrt. »Ich bin gespannt«, eröffne ich das Gespräch und blicke sie erwartungsvoll an.

»Platz«, wendet sie sich mit auffälliger Strenge an den Hund. Der Malinois fällt auf den Bauch, wie von einer Kugel getroffen. Sein erregtes Hecheln und sein verstörter, weit aufgerissener Blick bleiben.

»Also, es ist mir nicht leichtgefallen hierherzukommen«, sagt die Frau mit fester Stimme. »Ich bin seit zehn Jahren Polizeihundeführerin und dachte eigentlich, dass mich nichts überraschen könnte, aber dieser Hund hier kann es. Ich habe ihn jetzt ein Jahr. Wilson war am Anfang einer der geeignetsten Hunde für den Schutzdienst überhaupt. Er hat einen starken Arbeitswillen und ließ sich von nichts ablenken, während er arbeitete. Jetzt ist er so drauf, wie Sie ihn gerade erlebt haben, und kann sich auf nichts mehr konzentrieren.« Sie nickt dabei in Richtung des Hundes, der gebannt auf die Paletten schaut, als könne er mit seinem Blick ein Loch hineinstarren, das ihm eine freie Sicht auf den Gleisbereich der S-Bahn gewährt.

»Wie und wann ist die Veränderung denn eingetreten?«, erkundige ich mich.

»Also, ein Kollege hat aus Versehen den Beißarm, mit dem wir das Zufassen trainieren, auf einer Bank liegen lassen. Wilson hat ihn sich geschnappt, und ich habe es erst mitbekommen, als er bereits völlig ausgerastet ist. Er war dabei, ihn zu zerlegen, und wollte ihn nicht mehr hergeben. Bis dahin hatte er immer sofort losgelassen, wenn ich ›Aus‹ gesagt hatte. Jetzt war er wie im Beuterausch. Ich habe keine Ahnung, was da plötzlich abging. Seitdem konnte er nicht mehr aufhören, wenn er einmal angefangen hatte. Diese ›Rauschzustände‹ waren ein hinreichender Grund, ihn vom Polizeidienst auszuschließen, denn er muss ja sofort von einem Menschen ablassen, wenn ich es sage, und er darf auch nicht richtig zubeißen, sondern soll den Arm nur fassen. Deshalb musste ich zu härteren Maßnahmen greifen …« Sie stockt einen Moment und sieht mich prüfend an. »Also das Loslassen klappt jetzt wieder perfekt.« Für einen Augenblick scheint sie den Faden verloren zu haben, dann fährt sie fort: »Aber dann fing er plötzlich an, auf alles anzuspringen, was sich bewegt. Sie haben es ja selbst gesehen.« Ihre Fingerspitzen reiben über ihre Stirn. »Und er verweigert inzwischen sogar das Fressen. Ich bekomme fast nichts mehr in ihn hinein. Der Tierarzt hat nichts weiter feststellen können. Wilson ist nun leider nicht mehr geeignet für den Polizeidienst. Und ganz ehrlich«, hier sieht sie mich zum ersten Mal direkt an, »das ist für uns beide eine Katastrophe. Ich müsste ihn abgeben und würde einen neuen Hund zugeteilt bekommen.« Die Frau schluckt, drückt mit einem tiefen Atemzug den Rücken durch und sagt dann leise: »Ich hatte ja schon viele Hunde und sie waren alle toll, aber an dem hier hänge ich irgendwie am meisten.« Dabei blickt sie auf Wilson, der stark hechelnd und in eingefrorener Haltung weiter die Paletten zu durchstarren sucht, um auf die S-Bahn-Gleise blicken zu können.

»Warum können Sie ihn denn nicht privat behalten?«, frage ich.

»Na, der völlig unregelmäßige Schichtdienst. Da passt kein privater Hund rein, nur einer, der mitarbeitet und dabei sein kann. Auch hätte ich ja dann zwei Hunde, einen neuen

Diensthund und einen Privathund. Das würde ich niemals zeitlich unter einen Hut bekommen.«

Ich nicke und erkundige mich: »Wie wurde er denn auf den Beißarm trainiert?«,

»Mit dem Hund wird so gearbeitet, dass er den Beißarm als Beute ansieht und über sein Beuteverhalten ausgebildet werden kann. Dabei ist es schwer, dem Hund in dieser Situation Gehorsam zu vermitteln, denn um andere Befehle wie zum Beispiel das Verbellen zu erlernen, darf man das Wesen des Hundes nicht so abschwächen wie in der Unterordnung, wo man dem Hund keine eigenen Entscheidungen mehr erlaubt. Das Stellen und Verbellen sind aber eigenständige Handlungen, weil der Hundeführer dabei oft weit entfernt vom Hund ist. Wir versuchen nun, die Hunde überwiegend über Motivation und Spiel auszubilden. Der Hund im Training lernt also nicht, einen Menschen zu beißen, er erbeutet vielmehr den Beißarm. Der Hund ist von Natur aus ein Beutegreifer, er muss in freier Wildbahn jagen und seine Beute festhalten. Genau das macht er beim Schutzdienst auch, deswegen sollte ein ausgeprägter Jagdtrieb des Hundes die Voraussetzung sein.«

»Und wie schafften Sie es, dass Wilson den Beißarm sofort loslässt, wenn Sie es sagen?«, frage ich weiter.

»Nun, Wilson ist sehr triebstark, deshalb war es einfach, ihn mit einer anderen Beute dafür zu belohnen, dass er die Beute, also den Beißarm, ausgibt.«

»Und was verwenden Sie als Beuteersatz?«, erkundige ich mich.

»Also, er reagiert besonders auf Beute, die sich bewegt, sehr gut. Deshalb nahm ich einen Ball.«

»Worin vermuten Sie denn selbst den Grund für Wilsons Veränderung?«, frage ich.

Die Frau hebt kurz die Schultern an. »Das ist mir bei einem anderen Hund noch nie passiert. Ich habe schon viele Schutzhunde ausgebildet und mit ihnen gearbeitet. Sie waren alle auf die Beute fixiert, aber sie haben auf mich gehört.« Wir blicken beide auf Wilson, der in zwei Meter Entfernung einen kleinen weißen Papierschnipsel auf der Wiese entdeckt hat, der vom Wind bewegt wird. Leise winselnd starrt Wilson nun auf den Schnipsel.

»Auf was reagiert er denn noch?«, frage ich, auf den Papierschnipsel zeigend.

»Auf Fahrräder, Autos, Skateboards und so weiter, was während der Arbeit natürlich eine Katastrophe ist«, sagt die Frau seufzend. »Ich habe auch für diese Fälle sofort mit ihm trainiert, bin an eine Hauptstraße gegangen und habe ihn stundenlang ›Sitz‹ und ›Platz‹ machen lassen. Er liegt dann auch gehorsam da, aber sobald wir weitergehen, jagt er wieder.«

»Hat er ein Lieblingsspielzeug?«, will ich wissen.

»Ja, am meisten liebt er inzwischen seinen Kong.« (Ein Kong ist ein spezieller Ball aus Naturkautschuk, der sich durch seine ovale Form von einem normalen Ball unterscheidet. Wirft man ihn, ist sein Abprall vom Boden unberechenbar, was einen besonderen Reiz für Hunde darstellt, die jagend auf Bewegung reagieren.)

Meinen erstaunten Blick bemerkend, fragt die Frau: »Was ist denn?«

»Belohnen Sie ihn damit noch immer?«

Sie blickt mich irritiert an. »Natürlich, es ist **das** Spielzeug, das er heiß und innig liebt. Damit kann ich ihn auch häufig noch ablenken von den anderen Sachen. Trägt er seinen Kong, können wir auf fast vernünftige Weise eine Straße entlanglaufen.«

Wilson hechelt stark und Speichel fließt aus seinem Maul auf den Boden. Die Frau zeigt auf einen gefüllten Wassernapf, den ich zum Training bereitgestellt habe: »Darf ich ihm davon geben?«

»Natürlich. Ich befürchte nur, dass er jetzt nichts trinken kann«, sage ich.

»Wie kommen Sie darauf, er hat doch großen Durst?«, erwidert die Frau etwas schärfer und stellt den Napf vor den Hund. Dieser wendet seinen Blick nicht von dem Papierschnipsel und ignoriert den Napf. Die Frau benetzt ihre Hand mit Wasser und streicht Wilson damit über die Schnauze. Er reagiert nicht. »Woher wussten Sie, dass er nichts trinken wird?«, fragt sie skeptisch.

»Nun, Sie kennen ja Ähnliches sicher aus Ihrem Beruf als Polizistin. Ein Mensch, der gerade einen starken Suchtdruck verspürt, kann an nichts anderes denken, außer daran, seine Sucht zu befriedigen. Er befindet sich in einem physischen und psychischen Ausnahmezustand und spürt seine natürlichen Bedürfnisse gar nicht mehr. Wenn Sie einem Junkie mit Suchtdruck ein Glas Wasser reichten, erhielten Sie dasselbe Resultat wie bei Wilson.«

»Aber Wilson ist doch nicht süchtig. Er will doch nur Beute machen, weil er so triebstark ist«, wehrt die Frau ab. »Es begeistert ihn einfach.«

Ich sehe zu dem Malinois, der mit weit zurückgezogenen Lefzen gestresst hechelt, und überlege, wie ich meine andere

Wahrnehmung der Situation am besten schildere. Schließlich habe ich es hier mit einer Frau zu tun, die selbst seit vielen Jahren mit Hunden arbeitet, und sie soll meine Meinung zu diesem Thema nicht als Abwertung ihrer Arbeit, sondern nur als neuen Impuls verstehen.

»Haben Sie den Kong dabei?«, frage ich, da ich mich zu einer praktischen Demonstration entschlossen habe, die keinen so belehrenden Charakter hat wie bloße Behauptungen. Die Frau nickt.

»Würden Sie ihn bitte einmal herausholen und vor sich hinlegen?« Die Frau greift in ihren Rucksack. Bereits während sie den Kong herauszieht, springt der Hund voller Erregung auf. »Platz«, sagt sie streng. Wilson macht »Platz« und starrt mit stark zitterndem Kopf auf den Kong, den die Frau zwischen ihre Beine auf den Boden gelegt hat.

»Sehen Sie, er ist gehorsam, obwohl er ihn gern haben möchte«, sie weist auf den Hund.

Dieser fiept leise, um etwas von der Erregung abzulassen, die ihn fast explodieren lässt. Ich atme bei diesem Anblick tief aus und sage: »Sicher kommt es wie bei allen Dingen darauf an, wie man etwas interpretiert. In meinem Erleben ist Gehorsam, dass ein Hund mir zuhören kann, weil er innerlich ruhig ist und sich mir anvertraut. Ein Hund, der zwar ein Kommando ausführt, aber nur auf die Belohnung fixiert ist, so wie Wilson auf den Kong, ist nach meinem Empfinden nicht ›gehorsam‹. Er würde einfach alles tun, um seine Sucht zu befriedigen. Und er würde es für **jeden** tun, der den Kong hat. Deshalb kann ich bei Wilson im Augenblick keinen Gehorsam sehen, sondern nur ein Suchtverhalten.«

Die Frau verschränkt die Arme fest vor der Brust und erwidert: »Aber ich lasse ihn immer so lange ›Platz‹ machen, bis er mich ansieht, und erst dann werfe ich den Kong.«

Ich blicke auf den laut fiependen Hund, der in eingefrorener Haltung auf das Spielzeug starrt, und sage: »Nach meiner Erfahrung führen bei einem triebstarken Hund Kommandos nicht dazu, dass er sich auch innerlich entspannen kann. Er wird zwar durch das Kommando in seinem Impuls gebremst, die Beute zu greifen, wartet dann jedoch angespannt darauf, sie endlich haben zu können. Dabei entsteht häufig ein Triebstau, wie gerade bei Wilson auch. Auf mich wirkt er gerade wie ein voller Fahrradschlauch, der sich selbst am Platzen zu hindern sucht, indem er durch sein Fiepen immer wieder ein wenig Druck ablässt. Allerdings ›pumpt‹ bereits der Anblick des Kongs sofort wieder Luft in ihn hinein. Wenn Sie ihm jetzt erlauben würden, den Kong zu nehmen, würde er es mit seinem ganzen inzwischen angestauten Trieb tun und explodieren. Erlauben Sie es ihm nicht, muss er den Trieb umlenken in Reize, die sich selbst zur Verfügung stellen, wie zum Beispiel die vorbeifahrende S-Bahn oder der kleine Schnipsel hier.« Ich zeige auf das Stückchen Papier.

»Auch als Sie mir vorhin beschrieben, wie die Geschichte mit dem Beißarm verlief, dachte ich als Erstes an einen Triebstau, der sich entladen hat.«

»Aber wir halten den Trieb unserer Hunde sonst immer unter Kontrolle!«, wehrt die Frau ab.

»Genau das meine ich. Durch die Kontrolle über stumpfe Kommandos wie zum Beispiel ›Sitz‹ und ›Platz‹ muss der Hund seinen Beutetrieb zwar für eine gewisse Zeit zügeln, um das Kommando auszuführen, gerät dadurch aber häufig in einen Triebstau, weil seine Erregung kontinuierlich anwächst, ohne sich entladen zu können. Stoppt und unterbricht man ihn dagegen in seinem Beuteinstinkt, indem man einen anderen Instinkt bei ihm anspricht, nämlich den, sich der Entscheidung eines Leitwesens unterzuordnen, dessen Autorität er im Alltag erlebt und respektieren gelernt hat, kann er sich entspannen, obwohl Beute im Spiel ist.«

»Aber dann wäre der Beutetrieb ja weg, den wir für die Arbeit brauchen«, moniert die Frau mit unzufriedenem Gesicht.

Jetzt schüttele ich den Kopf. »Ein Hund kann ohne Mühe zwischen seinen Instinkten hin und her wechseln, wie jedes Säugetier. Wenn er zum Beispiel gerade ein Tier töten will und seinem Beutetrieb folgt, aber in diesem Moment selbst angegriffen wird, wechselt er sofort in den Selbstverteidigungstrieb und je nach Situation weiter in den Flucht- oder Kampftrieb. Lässt der Angreifer jedoch von ihm ab, könnte er sofort wieder in den Beutetrieb verfallen. Instinkte werden ja nicht ausgelöscht, nur weil sie kurzzeitig in den Hintergrund treten für einen anderen Instinkt.«

»Ich bin mir da noch nicht so sicher«, sagt die Frau und blickt skeptisch auf den zitternden Hund, der den Kong anstarrt. »Er ist nach meiner Meinung einfach nur begeistert von seinem Kong. Was hat das alles mit Sucht zu tun?«

»Also, Begeisterung sieht für mich anders aus«, sage ich betroffen.

»Auf Wilson bezogen würde ich sagen, Begeisterung für diesen Kong hieße, dass er damit sehr gern spielen will und das auch ausdrückt, aber nicht den inneren Druck hat, es unbedingt tun zu **müssen**.« Ich mache eine kleine Pause und füge dann hinzu; »Wilson muss es.«

»Ich kann mir nicht vorstellen, dass Hunde süchtig werden können.« Sie blickt mich abwehrend an.

»Warum nicht?«, frage ich erstaunt.

»Na, Hunde sind Hunde und Menschen sind Menschen.«

»Im Prinzip haben Sie Recht«, erwidere ich. »Kein Straßenhund wurde je dabei beobachtet, wie er Autos hütet. Kein wilder Hund dabei, dass er süchtig einem Ball hinterherjagt. Hunde, die nicht im engen Kontakt mit uns Menschen leben, zeigen keine neurotischen Obsessionen oder ein Suchtverhalten. Es ist die gezielte menschliche Wiederholung eines Reizes, die das Belohnungssystem eines Hundes anspricht und eine Sucht auslöst. Auch ich selbst habe durch das wiederholte Werfen eines Stockes bei meinem Bordercollie-Mix, Mitja, eine Sucht ausgelöst und musste ihn dann wieder ›trockenlegen‹. Die Natur hätte niemals dafür gesorgt, dass regelmäßig Stöcke auf eine Wasseroberfläche fliegen.«

»Ich habe in Bezug auf Hunde ehrlich gesagt eine andere Meinung.« Sie verschränkt die Arme noch fester vor der Brust.

»Welche?«, frage ich.

»Also ich finde schon, dass Wilson auf mich hört, wenn er hier die ganze Zeit im ›Platz‹ bleibt. Und dass er das nicht tut, weil er den Kong haben will.«

»Wir können das ganz einfach herausfinden, wenn Sie wollen«, schlage ich vor, um aus der Diskussion herauszutreten, die sich im Kreis dreht.

Die Frau zuckt mit den Schultern.

»Ich möchte Sie dabei weder vorführen noch Recht haben. Es wäre einfach spannend zu sehen, wie Wilson sich tatsächlich verhält, wenn Sie nach da drüben gehen«, ich zeige auf einen Baum in fünfzig Meter Entfernung, »und Wilson dann rufen. Ich würde dabei den Kong in die andere Richtung werfen.«

Die Frau blickt konzentriert auf den Boden, bevor sie sagt: »Aber ich belohne ihn ja sonst damit. Natürlich will er ihn haben und wird hinlaufen.« Sie beißt sich auf die Lippen, und ihr Ton ist ärgerlich geworden.

»Frau L., Sie haben doch ganz sicher einen Grund gehabt, zu mir zu kommen, obwohl Sie wussten, dass ich anders an die Dinge herangehe als Sie selbst. Ich freue mich darüber, doch Sie müssten mir auch die Gelegenheit dazu geben zu zeigen, wie ich vorgehe. Danach bleibt es ganz Ihnen überlassen, ob und was Sie davon verwenden. Sie meinten ja, Wilon würde auf Sie hören, Kong hin oder her.«

Sie atmet tief aus. »Da haben Sie allerdings Recht. Als ich einer Kollegin davon erzählte, dass ich zu Ihnen gehe, sagte sie, ich solle nur keinem anderen von der Dienststelle erzählen, dass ich Beratung bei einer suche, die ohne Kommandos arbeitet und ›Bscht‹ macht. Bei uns sind nämlich alle davon überzeugt, dass man so vielleicht bei anderen Rassen Erfolg hat, aber eben nicht bei triebstarken Schäferhunden oder Riesenschnauzern, die wir auch haben.« Sie lacht jetzt, offenbar erleichtert darüber, das losgeworden zu sein.

»Wie schön, dass Sie dennoch gekommen sind«, sage ich ehrlich erfreut. Die verschränkten Arme der Frau lösen sich.

»Ich brauche nicht loszugehen, wenn Sie den Kong werfen, geht er hinterher«, gibt sie plötzlich unumwunden zu.

»Darf ich Ihnen einmal mit Wilson zeigen, was ich unter Führung und Gehorsam verstehe?«

»Bitte.« Die Frau wirkt jetzt ehrlich interessiert, als sie einen Schritt zurücktritt und mir mit einer Handbewegung den Raum freigibt. Ich nehme den Kong in die Hand und lasse ihn über den Boden kollern. Wilson schießt blitzschnell nach vorn, um ihn zu fassen. »Ssssst.«

Da ich mit seiner Reaktion gerechnet habe, steht mein Fuß bereits vor dem Kong. Wilson legt sich davor, um ihn zu belauern. Ich gehe mit einem dynamischen Schritt auf ihn zu, um mehr Raum für mich zu fordern. Er weicht überrascht zurück und sieht mich stark hechelnd und weiter zitternd an. Ich atme tief aus. Wenn die Erregung eines Hundes so groß ist wie bei Wilson, muss ich sie regelrecht abatmen, damit sie nicht auch in mich hineinschwappt.

»Wenn Sie ›Aus‹ rufen, geht er auch nicht mehr dran«, sagt die Frau im Hintergrund. Ich hebe meine Hand in ihre Richtung, weil ich Ruhe brauche und ihr jetzt nicht erklären kann, dass Wilson in einem solchen Fall den Kong zwar nicht aufnimmt, aber dabei wieder nur einen erlernten Befehl ausführt und weiter Suchtdruck empfinden würde.

Der Hund steht nun fiepend vor mir, und es kostet ihn äußerste Anstrengung, nicht an den Kong zu gehen.

»Schhhhhhhh.« Ich stupse das Spielzeug mit dem Fuß weiter. Wilson reißt es herum in die Richtung des Kongs. Ich springe vor ihn und blocke ihn von vorn, um den Raum zwischen Wilson und dem Kong in Anspruch zu nehmen. Er setzt sich und blickt mich mit angelegten Ohren an.

»Guter Junge«, brumme ich mit ruhiger Stimme und trete einen Schritt von ihm zurück, um die Spannung herauszunehmen und keinen Druck entstehen zu lassen. Ich will ihn nicht bedrängen, sondern nur korrigieren.

Wilson bewegt die Augen, um seinen Blick wieder auf den Kong zu richten. »Schhhh«, stoppe ich ihn mit sanfter Bestimmtheit, denn er ist selbst mit seiner Sucht ein feiner, gut hinhörender Hund.

Tatsächlich sieht er kurz vom Kong weg, gleich darauf aber wieder hin. Deshalb lasse ich, wie auch unter Hunden üblich, nach dem erfolglosen Abbruchsignal eine Konsequenz folgen. Ich imitiere einen kleinen Schnapper, indem ich meine Fingerkuppen (ohne den Einsatz von Fingernägeln) kurz mit Druck an seinen Brustkorb setze. Sofort schaut er mich an, und sein Schwanz hört auf, erregt zu schlagen.

»Schhhhhhh.« Ich stoße den Kong mit dem Fuß an ihm vorbei, sodass dieser nun näher bei ihm und weiter von mir weg liegt. Auch das ist Kommunikation, denn ich sage ihm damit: »Siehst du, ich begebe mich sogar in eine schlechtere Position, weil ich mir sicher bin, dass du ihn nicht holen willst, wenn ich dich vorher gestoppt habe.« Dieses Verhalten sagt etwas über mein Selbstbewusstsein und meine Souveränität aus und erleichtert es Wilson, sich mir anzuvertrauen. Er dreht den Kopf zum Kong, und ich sehe an seiner Körperspannung und seinem Blick, der vom Kong zu mir wandert, dass er abwägt, ob er ihn sich schnappen soll oder nicht.

»Hey«, teile ich ihm mit, dass ich seinen Konflikt bemerkt habe. Wilson löst den Blick vom Kong, legt sich vor mich hin und wartet. Weil er sich auf unsere Kommunikation und meine Entscheidungen konzentrieren muss, kann er sich nicht mehr so stark auf seine Sucht konzentrieren. Hätte ich von ihm ein stumpfes Kommando wie »Platz« verlangt, hätte er sich im »Platz« weiter auf den Kong konzentriert und nicht auf mich. Selbst mit einem Kommando wie »Schau«, bei dem der Hund konditioniert wurde, seinen Menschen anzusehen, entsteht kein wirklicher Kontakt, wenn der Außenreiz zu groß ist. Es bleibt dann bei einem bloßen Ausführen des Kommandos, weil die Reaktion des Hundes nur erlernt ist und nicht durch eine Aktion instinktiv hervorgerufen wurde. Genau die Instinkte jedoch wirken, weil sie aus demselben Stoff wie Süchte und Triebe sind, als wirksames »Instrument« im Umgang gegen sie. Mit erlernten Automatismen gegen die Intensität einer Sucht antreten zu wollen ist für mich, als würde man einem Papierdrachen befehlen, in welche Richtung er fliegen soll. Ich kann nur mit dem gerade vorhandenen Wind und der Beschaffenheit des Drachens arbeiten.

Wilson hechelt weniger, und sein Zittern hat aufgehört. Er sieht mich noch immer aufmerksam an und wartet auf die nächste Entscheidung. Dabei führt er jedoch kein Kommando aus. Es sind seine eigenen Impulse, die meinen Aktionen folgen.

Ich bringe mich jetzt drei Meter hinter den Kong, sodass dieser nun zwischen uns liegt.

»Wilson, hierher«, rufe ich ihn freundlich. Der Hund läuft sofort auf mich zu, doch sein Blick bleibt starr auf den Kong gerichtet.

»Heyja!«, sage ich kraftvoll bestimmt, weil ich meine

Energie mit etwas mehr Intensität über die seine legen muss, um ihn in einem solchen Augenblick zu erreichen. Wilson hebt den gesenkten Kopf, der bei ihm eine Hüte- und Jagdhaltung anzeigt. Dann geht er in einem kleinen Respektbogen am Kong vorbei auf mich zu und setzt sich neben mich. Ich wiederhole das Ganze, indem ich die Seite wechsle und nun von dort, wo vorher Wilson stand, rufe: »Wilson, hierher.«

Dieses Mal läuft der Hund, ohne auf den Kong zu blicken, an ihm vorbei und sieht mich an.

»Wunderbar, sehr gut, mein Junge«, erkenne ich sein Verhalten freudig an, als er bei mir ist. Ich befestige eine Schleppleine an seinem Geschirr, sehe zu der Frau hinüber und sage: »Wir könnten nun die weggelassene Übung vom Anfang machen, nur dass ich jetzt mit Wilson vom Kong weglaufe und Sie ihn werfen können. Ziel ist, dass er dennoch bei mir bleibt. Ich will das nicht vorführen, um zu zeigen, wie toll das bei mir klappt, sondern um zu demonstrieren, welchen Unterschied es macht, ob man führt oder kommandiert. Für diese Situation hier habe ich jetzt die Führung übernommen.« Ich weise auf Wilson und den Kong.

Die Frau mustert mich einen Moment lang mit zurückgekehrter Skepsis, spricht jedoch in einem neutralen Tonfall, als sie sagt: »Na, da bin ich ja gespannt. Das wäre das erste Mal, dass er nicht hinterhergeht.«

Bereits als sie sich bückt, um den Kong aufzuheben, geht durch Wilson wieder ein Ruck.

»Heyja!«, stoppe ich ihn mit einer knappen, kraftvollen Präsenz.

»Und komm«, bitte ich ihn, mir zu folgen.

Wilson geht angespannt neben mir, und seine dem Kong zugewandte Körperseite driftet leicht von mir weg.

»Schhh«, gehe ich um ihn herum und blockiere seitlich den Raum zwischen ihm und dem Kong.

»Plopp, plopp, plopp.« Das Spielzeug springt nach dem Wurf der Frau über den Boden.

»Heyja!« Wilson schießt trotz meiner Warnung los. Ich springe fest auf die Schleppleine, die er hinterherzieht, und stoppe ihn. Noch immer starrt er in die Richtung des Kongs. Wie eine Seiltänzerin bewege ich mich auf der Leine nach vorn und trete dann mit ruhiger Präsenz vor ihn. Ich verzichte auf einen Zweifingerstüber als Konsequenz, weil er so angespannt ist, dass eine Berührung bei ihm im Moment nur einen Schreck auslösen würde. Er sieht mich überrascht an und weicht zurück.

Jetzt, wo er mir wieder zuhört, gehe ich, ihn mit meinem Arm einladend, zurück. Er folgt mir anstandslos.

»Plopp, plopp ... plopp ... plopp.«

»Schhhhhht!« Ich springe dieses Mal schneller vor den Hund, als er selbst loslaufen kann. Er weicht zurück in eine sitzende Haltung. Ich nehme den Druck heraus und gehe wieder von ihm weg. Der Hund schließt sich mir an.

»Ploop, plopp!«, springt der Kong hart und hoch vom Boden ab.

»Schhhh.« Wilson verlässt den Platz neben mir nicht mehr.

Als ich zu der Frau hinüberschaue, erschrecke ich. Ihre vorher so geraden Schultern sind herabgefallen, ihre Arme baumeln seltsam kraftlos neben ihr. In ihren Augen stehen

Tränen. Betroffen gehe ich zu ihr und frage: »Was ist denn passiert?« Sie hockt sich wie ein Kind auf den Boden und beginnt leise zu weinen.

Für einen Moment fühle ich mich hilflos, weil ich nicht weiß, was sie so erschüttert hat. Dann hocke ich mich neben sie auf den Boden und lege meine Hand auf ihren Rücken. Das Weinen der Frau wird heftiger. Wilson leckt ihr beschwichtigend das Kinn. Plötzlich hebt sie den Kopf und sagt: »Wie kann das denn sein, ich verstehe das nicht. Ich arbeite seit zehn Jahren mit Hunden, und ich habe gerade mit Wilson alles probiert. Das kann doch nicht alles falsch gewesen sein. Ich muss das erst einmal verdauen. Wir haben ja noch einen Termin nächste Woche.« Abrupt steht sie auf und verabschiedet sich.

Eine Woche später erwarte ich sie. Es ist fünf Minuten nach Trainingsbeginn, und ich befürchte, dass sie nicht kommen wird. Auch wenn ich Aus- und Zusammenbrüche in der Art, wie ich es bei meiner letzten Begegnung mit ihr erlebt habe, schon von anderen Menschen kenne und inzwischen das Gefühl habe, sie gehörten zu einer starken Veränderung dazu, weiß ich dennoch nie, wohin sie führen. Falls die Polizistin kommt, möchte ich ihr von der Trainerin erzählen, die 2011 aus Rostock zu einem meiner Trainerseminare angereist war. Sie hat das wohl schönste Bild dafür gefunden, wie man bisher Praktiziertes mit einer völlig neuen Praxis verbinden kann. Nachdem sie am zweiten Tag des Seminars noch bleich und verstört äußerte, dass doch nicht alles falsch oder umsonst gewesen sein könne, was sie bisher geleistet hat, berichtete sie am dritten Morgen Folgendes: »Gestern Abend ging es mir sehr schlecht. Ich konnte und wollte mich nicht von meiner alten Herangehensweise, mit klassischer Konditionierung zu arbeiten, verabschieden. Zum einen erinnerte ich mich an viele Fälle, in denen sie sehr gut zu gebrauchen war, zum anderen aber fielen mir auch viele Fälle ein, in denen ich damit nicht weiterkam. Plötzlich hatte ich eine Idee. Du sprichst ja immer von einem Handwerkskoffer, der möglichst reich gefüllt sein sollte mit vielen Werkzeugen«, dabei sah sie zu mir herüber. »Ich habe nun einfach meinen Handwerkskoffer gestern Nacht komplett ausgeräumt. Dann habe ich ihn schön gesäubert und mir in Ruhe alle Handwerkszeuge angesehen, die ich zur Verfügung habe. Alle, die mir schon gut geholfen haben, legte ich zurück in den Koffer, die anderen entsorgte ich. Und von diesem Seminar nehme ich viele neue Handwerkszeuge mit, die bei dem helfen können, was bisher nicht ging.«

Als ein paar Minuten später das Auto der Polizistin vorfährt und sie aussteigt, ahne ich, dass ich diese Geschichte vielleicht gar nicht erzählen muss. Ihren Bewegungen ist anzusehen, dass sie offenbar schon einen Entschluss gefasst hat, mit dem sie sich gut fühlt. Nachdem sie Wilson aus dem Wagen gelassen hat, kommt sie mit schwungvollem, energiegeladenem Schritt auf mich zu. Ihr Pferdeschwanz hüpft dabei übermütig. »Sie werden es nicht glauben, ich kann es. Es war so einfach«, sprudelt es aus ihr heraus.

»Ich bin gespannt. Erzählen Sie«, sage ich und lade sie ein, auf einem Zeltstuhl Platz zu nehmen.

Als hätte die Verkehrsgesellschaft einen Zeitplan für Wilsons Ankunft parat, naht in diesem Moment eine S-Bahn.

Wilsons Pupillen weiten sich, sein Kopf geht nach vorn, sein Oberkörper … »Heyja!« Die Frau springt vor ihn und schiebt ihn energisch, aber nicht unfreundlich zurück. Wilson lässt von der S-Bahn ab und legt sich hin.

Ich sehe erst ihn, dann die Frau überrascht an. »Das meine ich«, sagt sie lächelnd. »Ich habe es verstanden.«

»Wow«, sage ich bewundernd und völlig überrascht. Ich strecke die Hand aus, es ist mir ein spontanes Bedürfnis, ihr zu gratulieren.

Wilson schnuppert an meinem Jackenärmel und wedelt leicht mit dem Schwanz.

»Dann können wir ihn heute vollständig ›trockenlegen‹?«, frage ich lächelnd auf den Hund blickend.

»Gern«, nickt sie. »Wenn das tatsächlich möglich ist. Er reagiert ja weiterhin stark, und ich muss ihn jedes Mal stoppen.«

»Ich würde vorschlagen, dass wir ihn, so oft es geht, mit allen Suchtauslösern konfrontieren, die wir ihm hier bieten können, und ihm neben der Führung, die ihm die Beschäftigung damit untersagt, zugleich eine Möglichkeit zum Druckabbau anbieten. Ich habe ein Fahrrad dabei, an dem er sich den Suchtdruck ablaufen kann. Soll ich mal vormachen, was ich meine?«

Die Frau nickt eifrig. »Bedenken Sie nur, dass er Fahrräder ja auch jagt«, fügt sie einschränkend hinzu.

Ich nehme Wilson an der Leine mit mir. Er läuft ruhig nebenher und vergewissert sich immer wieder mit einem Blick in meine Richtung, ob er das, was er macht, gut macht.

Ich bestätige all diese Anfragen mit einem tiefen anerkennenden Ton. »Priiiiiima.« Feine, empfindsame und/oder unsichere Hunde brauchen neben der Korrektur unbedingt auch die deutliche Information, wann es gut ist, was sie tun. Bei anderen Hunden führt eine akustische Bestätigung eher zum Gegenteil. Ein sicherer Hund würde sich fragen, was er falsch gemacht hat, weil er auf sein Verhalten aufmerksam gemacht wurde. Ein aufgeregter Hund würde durch die Anerkennung noch aufgeregter werden. Und ein ängstlicher Hund würde sich durch das Lob in seiner Angst bestätigt fühlen.

Für Wilson ist eine Bestätigung genau richtig, weil er immer wieder danach fragt.

Im Vorbeigehen nehme ich das Fahrrad auf die andere Seite. Als es sich bewegt, geht alarmiert der Kopf des Hundes nach oben.

»Hooooo!« Ich bremse ihn nur ab, ohne ihn zu stoppen, weil die Bewegung sehr klein ist.

Nach ein paar kurzen Seitenblicken auf das Gefährt läuft Wilson ruhig neben mir. Ich bleibe stehen und steige auf.

Beim Anfahren springt Wilson bellend nach vorn, um in die Reifen zu beißen. Er bringt seinen Körper dabei vor das Rad, um es zu stoppen.

Ich halte sofort an, lasse das Rad neben mich auf die Wiese fallen und bringe mich neben den Hund. Dann greife ich ihm in die Backenhaut über dem Kiefer. (Man kann diesen Griff an sich selbst ausprobieren, um zu sehen, dass er nicht weh tut, aber sehr wirksam ist.)

Da Wilson plötzlich in einen aggressiven Beute- und Hütetrieb wechselte, musste auch ich die Intensität meiner Korrektur dieser Energie anpassen. Nach meiner Erfahrung sind ein Stüber oder ein Bodyblock von vorn in diesem Fall nicht sehr wirkungsvoll. Wilson würde ein Touchieren seines Körpers einfach ignorieren und einem Bodyblock auszuweichen versuchen, um wieder an das Fahrrad zu gelangen. Um wieder einen Kontakt herzustellen, halte ich ihn deshalb mit dem Backengriff kurz fest, wende sein Gesicht mir zu und sage sehr ruhig und fest: »Hey!«

Wilson blinzelt mich an, und man sieht, wie er aus seinem Beuteinstinkt auftaucht und in den Trieb, sich einer Führung anzuvertrauen, zurückkehrt. Ich warte noch einen Moment, bis er wieder ganz ruhig ist, und nehme erst dann erneut das Rad an meine Seite.

»Scht«, warne ich ihn vor. Wilson ignoriert das Rad. Bevor ich aufsteige, spreche ich noch eine Warnung aus: »Schhhhhhhh.« (Denk gar nicht drüber nach, soll die Energie dieses langgezogenen Tones ausdrücken.) Ich fahre los, und Wilson trabt ruhig neben dem Fahrrad her.

Nach ein paar Runden über das Gelände nähert sich plötzlich eine S-Bahn auf den ungefähr zweihundert Meter entfernten Gleisen. Sofort wende ich und fahre in einem sehr schnellen Tempo von ihr weg. Wilson muss vom Trab in den Spurt wechseln. Wenn er sich nach der S-Bahn umdrehen will, korrigiere ich ihn mit einem »Scht«. Wenn er dann immer noch nicht aufhört, berühre ich ihn leicht mit der Fußspitze in der Seite, weil ich ihn mit meinen Fingern nicht erreichen kann. Ich darf ihn weder zu fest noch zu leicht berühren. Auch Hunde korrigieren sich mit dem, was ihnen in der jeweiligen Situation zur Verfügung steht: mit den Pfoten, Zähnen, dem Maul, der Breitseite, dem Hintern oder dem Kopf. Die moralische Bewertung fehlt ihnen dabei vollkommen. Das habe ich von ihnen gelernt.

Zusätzlich setze ich einen Tempowechsel ein, der der Dynamik des Suchtdruckes entgegenwirken soll. Sobald der Druck bei Wilson steigt, erhöhe ich das Tempo rasant, damit der Druck nicht weiter ansteigen kann und Wilson alle Energie in den Spurt legen muss. Verhält sich der Hund ruhig, verlangsame ich das Tempo, um die Ruhe zu unterstützen. Ich wende diese Technik noch mehrere Male an, während derer S-Bahnen an uns vorüberfahren, bis Wilson, ohne auf die Bahn zu reagieren, neben dem Rad laufen kann.

Dann steige ich ab, lasse Wilson trinken und bitte die Frau zu übernehmen. Als auch ihr das Ganze gut gelingt, wechseln wir zum Kong. Dabei werfe heute ich, und sie korrigiert Wilson, wenn er ihn unerlaubt nehmen will.

»Plopp, plopp, plopp«, der Kong springt im weiten Zickzack über die Wiese. Mir wird klar, dass ich mir ein großes Laufpensum vorgenommen habe, wenn ich ihn immer wieder einsammeln will.

»Wilson, scht!«, die Frau springt dem Hund entgegen, als dieser dem Spielzeug folgen will. Der Hund stoppt und setzt sich.

»Das war schon sehr gut, bis auf zwei Dinge. Zum einen sollten Sie, bevor Sie den Kong abwerfen, Wilson davon informieren, ob dieser tabu oder ok ist. Da Sie ihm Beute wie den Beißarm ja weiter erlauben wollen, sollte er immer erfahren, wie er mit ihr umgehen soll, damit er es nicht wieder rauschhaft tut.

Zum anderen ist es besser, nicht den Namen Ihres Hundes mit einer Korrektur zusammen zu verwenden. Bei ›Wilson, scht!‹ ist er ungut mit ihr verbunden.«

»Aber wenn man mehrere Hunde hat, wie sollen sie wissen, wer gemeint ist?«, fragt die Frau nach.

»Hunde verwenden doch auch keine Namen«, antworte ich lachend. »Gemeint ist einfach immer der, der angeschaut wird. Das ist bei Hunden so wie bei uns Menschen. Wenn wir zum Beispiel in einem Laden stehen, und eine Stimme ruft laut: »Können Sie mal zur Seite treten!«, wenden sofort alle den Kopf, um zu sehen, wer gemeint ist. So ist das auch, wenn in einer Hundegruppe eine Warnung ›ausgesprochen‹ wird. Alle blicken kurz hin, um zu sehen, wer damit gemeint ist.«

Plötzlich taucht in meinem Blickfeld der Bongospieler auf. Er geht gerade hinüber zu »seiner« Stelle bei der Baumgruppe. »Hallo, Musiker, hast du kurz Zeit?«, rufe ich ihm zu. Er ändert die Richtung und steht kurz darauf strahlend vor mir.

»Na, Chefin. Immer im Einsatz, was?«

»Genau wie du«, antworte ich lachend und zeige auf die Bongos unter seinem Arm. »Es ist toll, dass du gerade kommst. Könntest du mir und dem Hund da vielleicht einmal helfen?«, frage ich ihn.

»Klar, ich habe Zeit. Geil, dann bin ich ab jetzt Hundetrainer-Assistent«, erklärt er fröhlich.

Ich bitte ihn, sich mir gegenüberzustellen, damit wir uns den Kong in schnellem Tempo zuwerfen können. Dann beginnen wir. Die Frau fährt mit dem Fahrrad und Wilson neben sich los. Sie korrigiert Wilson, wenn er auf die Beute reagieren will, und beschleunigt dabei das Tempo. Reagiert er nicht, fährt sie langsam weiter. Der Bongospieler und ich versuchen mehrere Male vergeblich, den Kong zu fangen, weil dieser nach jedem Aufprall die Richtung wechselt, aber die Wege verkürzen sich für mich durch seine Mitarbeit doch erheblich.

Zehn Minuten lang arbeiten wir wie ein tadelloses Uhrwerk zusammen. Wilson hat seit fünf Minuten auf keinen Wurf mit dem Kong mehr reagiert. Zehn S-Bahnen konnten an uns vorbeifahren. Wilson trabt in einem so gleichförmigen Rhythmus, als richte er sich nach den imaginären Trommelschlägen des Bongospielers. Seine Gesichtszüge haben den Ausdruck eines Langstreckenläufers angenommen: völlig gelöst und mit ganzer Hingabe laufend.

»Und jetzt das Ganze ohne Fahrrad, im Gehen«, schlage ich vor. Noch einmal werfen der Bongospieler und ich uns den Kong zu, während die Frau mit Wilson über das Gelände an uns vorbeiläuft. Ein Kong springt neben dem Hund auf den Boden. Er blickt nicht einmal mehr zur Seite.

»Daaaanke«, rufe ich freudig wie ein Regisseur nach einer erfolgreich abgedrehten Filmszene.

Die Frau hebt die Hände. »Uff! Ich glaub es nicht. Er guckt den Kong nicht einmal mehr an.« Sie schaut auf den Hund, der sich hingelegt hat und ausruht. »Hoffentlich bleibt das so«, fügt sie mit flehendem Bick hinzu.

»War das 'n Problem?«, fragt der Bongospieler, der sich bisher noch nicht nach dem Grund für unsere Wurfübungen erkundigt hatte. Die Frau nickt lachend. »Und was für eins.«

Ich bedanke mich bei dem jungen Musiker, der daraufhin zu seiner Baumgruppe zurückwandert.

»Hält das denn jetzt tatsächlich an?«, fragt die Frau.

»Nein«, antworte ich wahrheitsgemäß. »Sie müssen es,

sooft Sie können, wiederholen. Mit allem, worauf er reagiert. Das kann zwei Wochen dauern oder vier Monate.«

Die Frau sammelt sich und blickt nach unten. »Okay, vier Monate schaffen wir. Ich weiß ja jetzt, was zu tun ist, und werde kämpfen.«

»Es fehlt jedoch noch ein wichtiges Element, wenn er dann ganz ›trocken‹ ist«, werfe ich ein.

Die Frau blickt mich abwartend an.

»Sie können dann wieder den Wechsel einführen zwischen dem Kommando, Beute zu machen, und Ihrer Entscheidung, dass man sie in Ruhe lassen soll. Wir könnten das in einer weiteren Stunde trainieren.«

»Stimmt. Ich würde dann den Beißarm mal mitbringen«, stimmt sie zu.

Fünf Wochen später bekomme ich einen Anruf: »Ich brauche keine Stunde«, jubelt die Frau. »Ich wollte Ihnen nur mitteilen, dass wir durch sind. Wilson hat seine Sucht verloren. Alle Kollegen, Familienmitglieder und Freunde haben die Anweisung von mir bekommen, nichts mehr zu werfen, wenn ich ihn nicht kontrollieren kann. Darauf steht ›Gefängnis‹, habe ich gesagt.« Sie lacht. »Und alle halten sich daran. Fliegende Objekte gibt es nicht mehr, und Wilson reagiert weder auf Bewegungen noch sucht er sie wie früher. Es gab aber einen Moment, in dem ich das Gefühl hatte, er würde wieder in seine Sucht nach dem Beißarm rutschen. Da habe ich einen Kollegen den Arm durch die Gegend werfen lassen, während ich ihn zum Tabu erklärt habe. Erst als Wilson entspannt war, durfte er ihn wiederhaben. Das habe ich dann eine Zeit lang immer vor dem Training so gemacht. Ich habe ihn geworfen oder werfen lassen und immer unregelmäßig gewechselt zwischen der Erlaubnis und dem Tabu, ihn zu nehmen. Ich muss ehrlich sagen, dass ich nicht geglaubt hätte, dass Wilson seine Leidenschaft behält, wenn ich seinen Trieb immer wieder abbremse. Aber Tatsache ist, dass er davon nichts verloren hat.«

»Wow, das ist ja großartig, wie Sie das selbst weiterentwickelt haben. Anders hätte ich es auch nicht gemacht. Aber mich wundert nicht, dass Wilson seine Leidenschaft nicht verloren hat. Auch die Musiker eines Orchesters müssten ja dann ihre Leidenschaft zur Musik verlieren, nur weil ein Dirigent die Regeln dafür vorschreibt«, erkläre ich lachend.

»Nicht schlecht gesagt«, lacht die Frau ebenfalls. »Wissen Sie, ich bin jetzt sehr froh, dass ich Ihre Methode ausprobiert habe. Es ging mir extrem schlecht mit der Härte, die ich zum Schluss bei Wilson angewandt habe. Als ich das erste Mal bei Ihnen auf der Wiese zusammenbrach, hatte ich gerade kapiert, dass das völlig unnötig gewesen ist. Das war nicht einfach zu verkraften. Ich konnte gar nicht fassen, warum ich meine Hunde noch nie aus dieser Sicht betrachtet hatte.«

»Das freut mich sehr. Haben Sie Dank für die Worte und Taten. Ich muss nur anmerken, dass es um keine Methode geht, sondern um reine Kommunikation, die jeden Tag neu gepflegt werden muss und darf, je nach Situation. Was Sie gerade stoppen oder zum Tabu erklären, können Sie im nächsten Moment einfach laufen lassen oder freigeben und umgekehrt. Das ist das Lebendige und Spontane daran. Weil wir gerade bei der Spontanität sind: Sie haben indirekt jemandem zu einer Entscheidung verholfen.« Ich mache eine kleine Pause.

»Ach, und wem?«, fragt sie neugierig.

»Der junge Mann, der uns dabei half, Bälle zu werfen, hat jetzt in puncto Berufswahl eine abschließende Entscheidung getroffen. Er will nun Hundetrainer werden.«

# Geschenke

*Als ich der Protagonistin dieser Geschichte meinen Text zu lesen gab und sie um ihr Einverständnis zur Veröffentlichung bat, bestand sie darauf, den von mir wie üblich geänderten Namen durch ihren eigenen Namen zu ersetzen. Sehr mutig sagte sie: »Es ist meine Geschichte, und dazu stehe ich.«*

## Die Wundertüte

Das schmucklose kleine Haus duckt sich unauffällig in die Stille der breiten Dorfstraße. Ein alter Mann mit einem struppigen Dreißig-Tage-Bart öffnet mir die Tür.

»Guten Tag, ich suche Isabell. Können Sie mir sagen, wo ich sie finde?«, frage ich, etwas verunsichert über die Rolle des Mannes in diesem Haus.

»Weeeß ick nich. Die wohnt über mir im Dachgeschoss und is mit de Hunde wech.«

»Vielen Dank, dann warte ich hier«, sage ich.

Fünf Minuten später fahren zwei Autos vor. Aus einem kleinen Wagen steigt eine junge Frau, die vermutlich Isabell ist. Der zweite Wagen gehört einem Filmteam, mit dem ich eine Serie über meine Arbeit mit Hunden und Menschen drehe. Regisseur und Kameramann kenne ich bereits, denn sie hatten 1997 Aufnahmen von meinem Leben im russischen Dorf Lipowka gemacht, in dem ich damals bereits sieben Jahre wohnte.

»Wir haben Marcy schon bei ein paar Menschen- und Hundebegegnungen gefilmt, bevor du gekommen bist«, erklärt der Regisseur. Ich kenne die Hündin, Marcy, nur von einem kleinen Video, das Isabell mir schickte. Es zeigt den Moment ihrer Ankunft vor einem Jahr, als sie von Tierschützern aus Russland hierhergebracht worden war. Zu sehen ist eine vielleicht vierzig Zentimeter hohe Hündin, die wirkt wie ein grauer Husky-Mix. In dem Video verschwindet sie mehrmals panisch unter einer Garten bank, um kurz darauf in hohen Tönen bellend wieder hervorzuschießen und abwehrend in die Luft zu schnappen. Das hat etwas Gespenstisches, weil niemand sie zuvor bedrängt hatte oder ihr näher gekommen war. Wenn möglich, entscheidet sich ein ängstlicher Hund für die Flucht, es sei denn, er sieht keinen Ausweg mehr. Der Anblick der um sich schnappenden Hündin, die von niemandem bedroht wird, legte den Verdacht nahe, dass sie in ihrem früheren Leben einer Bedrohung ausgesetzt war, der sie nicht entkommen konnte, und dass sie sich dieses Verhalten aus Notwehr zugelegt hat.

Das Bellen, das heute aus dem Auto dringt, klingt jedoch nicht mehr nur ängstlich. Eine Spur von Aggression ist hinzugekommen. Als Isabell sie aus dem Auto holt, trägt Marcy den Schwanz steil nach oben gerichtet. Während die positive Dominanz eines souveränen Leithundes das Fundament seines Wesens darstellt, wirkt Marcys unechte Dominanz wie ein Dach auf sehr wackeligen Säulen. Neben ihrem ständigen Vor- und Zurückweichen verrät auch der panische Ausdruck in ihren Augen das Aufgesetzte ihrer selbstbewussten Schwanzhaltung.

Obwohl es seltsam erscheinen mag, dass ein ängstlicher Hund zugleich Dominanz demonstrieren kann, ist die Erklärung dafür recht einfach: Sehr oft begegnen Menschen einem ängstlichen und/oder panischen Hund mit besonders viel Zuwendung und halten ihn von Regeln fern, weil sie darin ein unerwünschtes Druckmittel sehen oder weil sie selbst in keiner festen Struktur leben. Der Hund darf dann häufig viele Privilegien in Anspruch nehmen als Ausgleich für seine schlimme Vergangenheit. Der Hund kann diese Privilegien jedoch nur als Anerkennung seines ängstlichen Verhaltens deuten. In einer Gruppe muss es jedoch immer auch Regeln geben, weil sie der Stärkung der Gemeinschaft dienen und dem Einzelnen Sicherheit bieten. Fehlt jemand, der die Regeln aufstellt und durchsetzt, muss der Hund selbst diesen Platz einnehmen, um die Gruppe zu führen. Das Desaster ist wegen der Überforderung des Hundes natürlich bereits programmiert. Weder ein fähiger Leithund noch ein unfähiger Hund im Gefolge könnten sich im Dschungel unseres Lebens zurechtfinden und für uns sorgen. Wir finden uns ja häufig nicht einmal selbst darin zurecht.

Auch die Hündin Marcy, die vor ihrem Haus aufgesetzte Dominanz demonstriert, versucht uns mit ihrem Bellen zu beeindrucken. Sie drückt die Fußgelenke durch, um entschlossener zu wirken, und in ihrem Bellen mischen sich Wut und Hysterie. Diese Wut entsteht häufig, wenn die Abwehrhandlungen nicht zum gewünschten Ziel führen. In Marcys Fall sind jeden Tag »unerwünschte« Menschen und Hunde auf »ihrem« Territorium unterwegs, ob sie nun bellt oder nicht. Das führt dazu, dass der Hund nach einiger Zeit durch die Erfolglosigkeit seiner Handlungen vollkommen frustriert ist. Sein ohnehin schwaches Selbstbewusstsein wird noch schwächer, und die Aggression steigt an.

Die Bewegungen von Isabell dagegen wirken extrem verlangsamt und gehemmt. Obwohl sie denen des Hundes im Ausdruck genau entgegengesetzt sind, scheint die junge Frau und den jungen Hund ein gemeinsames Schicksal zu verbinden. Auch Isabell zeigt eine Schutzhaltung, die ich von Menschen kenne, die lernen mussten, nichts zu fühlen, um eine schlimme Situation aushalten zu können. Hält ein solcher Ausnahmezustand über einen längeren Zeitraum an, kann daraus eine Alltagshaltung werden, die der Betreffende so selbstverständlich mit sich herumträgt wie ein Maikäfer seinen Panzer.

Bei der Begrüßung spricht die junge Frau sehr leise. Ihre Gesichtszüge wirken durch ihre Bewegungslosigkeit wie auf Leinwand gemalt. Mein erster Gedanke ist: Warum gaben die Tierschützer gerade ihr einen solchen Hund? Isabell wirkt eher, als ob sie selbst sehr kraftvollen Beistand bräuchte. Ich mache mir Sorgen, ob es eine gute Idee ist, sie vor der Kamera sprechen zu lassen. Es könnte den Eindruck erwecken, sie in ihrer Langsamkeit und Schüchternheit vorführen zu wollen.

Dann werde ich überrascht. Isabell spricht vor der Kamera so klar, wach und souverän, dass ich die junge Frau am liebsten »aufklappen« würde, um nachzusehen, wo diese lebendige Person verborgen ist.

»Ich bin erst vor drei Wochen von der Stadt in dieses Dorf gezogen. Der alte Mann dort«, sie weist mit dem Kopf in Richtung Haus und zieht die Schultern zusammen, als würde sie frösteln, »wohnt unten und ich oben. Es war die einzige Möglichkeit, einen bezahlbaren ruhigen Wohnplatz für Marcy zu finden. Sie war in der Stadt täglich so gestresst, dass sie nachts immer Durchfall hatte.« Ihr schleppender Tonfall steht der Klarheit ihrer Äußerungen seltsam widersprüchlich gegenüber. »Ich war mit ihr lange in einer Hundeschule, die mit positiven Verstärkern wie dem Clicker[1] arbeitet, aber es wurde immer schlimmer. Ich brachte sie mit Hunden und Menschen zusammen, damit sie ihre Ängste und Aggressionen ablegen kann, aber vergeblich. Dann begann ich, die Wege zu meiden, auf denen wir Menschen oder Hunde trafen. Aber das war in der Stadt sehr schwierig, und wenn wir doch einmal eine Begegnung hatten, schien alles noch schlimmer als zuvor. Deshalb bin ich jetzt hierhergezogen, wo nichts und niemand ist.« Sie weist um sich, und die vollkommene Stille um uns untermalt ihre Aussage ausdrucksvoll.

Bisher habe ich Marcy nur beobachtet und noch keinen Kontakt zu ihr aufgenommen. Wir gehen in das Haus hinein und klettern eine steile Treppe in das Dachgeschoss hinauf zu Isabells Reich. Dort führen Isabell und ich noch ein vorbereitendes Gespräch, bevor ich mit dem Kameramann die Wohnstube betrete, in der Marcy nun wartet. Die Hündin schießt bellend nach vorn und schnappt uns in Knie und Schienbeine. Während ich mich vor den Kameramann dränge, erhöht sie die Frequenz der Bisse und verwendet

1 Ein Clicker ist ein Knackfrosch, der den erwünschten Moment einer Handlung einfängt, die dann noch durch ein Leckerchen positiv verstärkt wird.

dabei die Schneidezähne, in Verbindung mit einem Stoßen der ganzen Schnauze. Wäre Marcy nicht auch so ängstlich, würde ich frontal auf sie zugehen, ihr aktiv den Raum abnehmen und sie für das Schnappen disziplinieren. Das wäre in ihrem Fall jedoch zu massiv und unangemessen. Sie lässt ohnehin von mir ab, als ich mich von ihren Drohgebärden nicht beeindrucken lasse und ohne Blickkontakt auf dem Sofa Platz nehme.

Dann bücke ich mich und greife nach der kurzen Leine, die an ihr hängt. Sie schießt zu mir herum und schnappt wie verrückt in meine Hände und Unterarme. Sie tut das nicht, weil sie im Wesen aggressiv wäre, sondern weil diese Abwehrtaktik bisher funktioniert hat. Weil Marcy um ein Vielfaches panischer reagiert als es der realen Situation angemessen wäre, gehe ich davon aus, dass sie die Sicherheit, in der sie seit einem Jahr tatsächlich lebt, noch gar nicht wahrgenommen hat. Sie scheint in den Verhaltensweisen stecken geblieben zu sein, mit denen sie aus Russland hier ankam. Ihr Repertoire, mit fremden Menschen oder fremden Hunden umzugehen, hat sich nicht erweitert. Nicht durch Leckerchen, nicht durch wiederholte Begegnungen, nicht durch das Vertrauen zu Isabell. Deshalb weiche ich jetzt weder zurück noch ziehe ich meine Hände vor den Schnappern weg. Gelingt es mir nicht, Marcys bisherige Handlungsweise aufzulösen, kann sie zu keiner neuen Kompetenz finden und wird sich Fremde weiter bellend und schnappend vom Hals zu halten suchen. Da ich sie durch das Halten der Leine daran hindere wegzulaufen, schreit sie panisch und wütend zugleich. (Später wird diese Sequenz der Einstieg im Film sein.) Aus Erfahrung weiß ich, dass ich Marcy durch diese Ängste jetzt hindurchführen und anschließend auch auffangen kann.

Es ist jedoch nicht ratsam, so etwas ohne ausreichende Erfahrung zu tun. Man muss dazu in der Lage sein, die Emotionen des Hundes mitzuverfolgen, indem man zulässt, dass sie eine Resonanz in einem erzeugen. Man muss also wissen, was Emotionen wie Angst, Panik, Wut, Schmerz usw. in einem selbst auslösen, um zu spüren, was im Hund vor sich geht. Dadurch weiß man punktgenau, wie auf einer emotionalen Landkarte, wo der Hund sich gerade innerlich befindet. Nur so ist es möglich, mit ihm die Klippen zu umschiffen, die seine Ängste bereithalten. Kann man das nicht leisten, riskiert man, dass der Hund »verloren geht« – an eine weitere Angststörung oder eine Retraumatisierung.

Marcy fühlt nach ungefähr drei Minuten, dass ich mich nicht durch ihre Panik und ihre bewährte Schnapptechnik in die Flucht schlagen lasse. Plötzlich hört sie auf und öffnet hechelnd das Maul. Das ist ein gutes Zeichen dafür, dass sie beginnt, das Geschehene aufzunehmen und zu verarbeiten.

Ich hocke mich hinter sie und umschließe mit beiden Händen rahmend ihre Schulterblätter. Wenn ein Wesen in Angst und/oder Panik kein Gefühl mehr dafür hat, wo es anfängt und endet, es sprichwörtlich »außer sich« ist, ist ein körperlicher Rahmen sehr hilfreich. Dazu hockt man sich hinter den Hund und legt beide Hände fest, aber ohne zusätzlichen Druck um seine Schulterblätter.

*Unter* meinen Handflächen spüre ich, wie Marcy langsam auf mich zu reagieren beginnt. Sie atmet tief durch und schmatzt. Ich erhebe mich ruhig und stelle mich vor sie hin. Mit einer kleinen Bewegungseinschränkung und einem langgezogenen Informationslaut, »ssssss«, teile ich ihr mit, dass sie an ihrer Stelle bleiben und sich entspannen kann. Ein einziges Mal setzt Marcy eine Pfote prüfend nach vorn und beobachtet meine Reaktion. »Was tust du, wenn ich das tue?«, könnte man ihre Frage übersetzen.

Meine Antwort darauf ist: Ich werde weder lauter, noch massiver, jedoch ein wenig präsenter. (Diese Energie erhält man am besten, wenn man sich vorstellt, dass man innerlich nicht hochfährt, sondern nur breiter wird.)

»Scht.«

Sie setzt sich augenblicklich wieder hin und sieht mich ruhig abwartend an. Ihre Panik ist vollkommen vorbei.

»Guuuutes Mädchen«, sage ich lächelnd. Ein tiefer zustimmender Ton ist dabei für einen unsicheren Hund sehr angenehm. Er informiert ihn darüber, wann sein Verhalten angemessen ist, fährt ihn jedoch nicht hoch wie ein helles: »Feeein!«, das ihn entweder beschleunigt oder zusätzlich aufregt.

Nach kurzer Zeit legt Marcy sich hin und den Kopf ab. Im Film später sieht man deutlich einen Blick von ihr, den ich, mit dem Rücken vor ihr stehend, in diesem Moment gar nicht wahrnehmen kann. »Wie toll, dass du stark bist, mach du mal«, könnte er ausdrücken.

Jetzt möchte ich Isabell zeigen, was die Hündin braucht. Ich bin mir jedoch noch unsicher, wie ich die Langsamkeit der jungen Frau in Einklang mit den blitzschnellen Reaktionen des Hundes bringen kann.

»Ich mache es dir einmal vor, bist du bereit, Isabell?«, frage ich sie, bevor meine Mitarbeiterin Kerstin an die Tür klopft und Besuch spielt.

»Jaaaa.« Isabell zieht den Ton in ihrer schleppenden Art in die Länge und sieht mich blass und mit angstvollem Gesicht an. Es klopft. »Sssst«, ich informiere die Hündin, bevor sie reagiert, darüber, dass ich das Klopfen gehört habe und mich um den »Eindringling« kümmern werde. Sie bleibt sitzen. Kerstin betritt den Raum, die Hündin will nach vorn schießen. Ich stoppe sie mit meinem Körper. Marcy explodiert und packt die bereits ritualisierte Schnapptechnik wieder aus. Stinksauer darüber, dass sie die Situation nicht mehr kontrollieren darf, bellt sie mich wieder an. Während sie wie eine Kobra immer wieder zustößt, suche ich mir mit meinen Händen einen Weg zu ihren Schulterblättern. Dann gebe ich ihr erneut einen »Rahmen«, bis sie sich beruhigt hat. Dieses Mal entspannt sie sich sehr schnell.

Nachdem Kerstin den Raum verlassen hat, um erneut hereinzukommen, ist Isabell an der Reihe.

»Isabell, du kannst jetzt aus Marcys schlechten Erfahrungen und Angewohnheiten gute Handlungen machen. Deshalb nutze jede Situation, in der du dich beweisen kannst, und hab keine Angst davor. Je öfter du Führung demonstrieren kannst, umso schneller kann Marcy sich dir anvertrauen«, versuche ich sie in ihrer Schüchternheit zu bestärken.

Kerstin klopft aufs Neue.

»Ss.« Isabell reagiert etwas zaghaft, aber überraschend prompt. Marcy ist aufgesprungen und bellt.

»Gib ihr einen kleinen Fingerstups in die Seite und sage etwas energischer ›Scht‹ oder ›Hey!‹. Du willst nicht mehr, dass sie solche Situationen übernimmt. Punkt. Das muss deine innere Haltung sein. Ein Leithund würde die Aufregung eines so panischen Hundes nie erlauben. In einem Hunderudel könnte sie damit alle in Gefahr bringen.«

Isabell versucht es erneut. »Scht.« Sie tritt auf Marcy zu und gibt ihr vorsichtig einen kurzen Stüber. Marcy verstummt. »Herein«, ruft Isabell leise.

Ich mache mich bereit, um einzugreifen, falls Isabell die Explosion nicht abfangen kann, mit der ich bei Marcy rechne. Die Tür öffnet sich. Marcy friert ein wie ein abschussbereiter Schütze, der sich noch einen Moment sammelt, bevor er den Pfeil loslässt. Doch jemand anders ist schneller als sie. Isabell macht ein so entschiedenes »Scht« und setzt einen so flinken Ausfallschritt vor die Hündin, dass sich Marcy verdattert wieder hinlegt. Es ist dieselbe Energie, die ich bei den Interviews schon so überrascht registriert habe. Die andere Isabell ist wieder aufgetaucht.

Kerstin kommt herein, gefolgt vom Regisseur. »Scht.« Wieder demonstriert Isabell einen präzisen Bodyblock vor der Hündin, die sich gerade wieder aufregen will. Es ist förmlich zu sehen, wie die Luft aus Marcy entweicht, die sie schon gesammelt hatte, um loszulegen. Dennoch verfolgt sie mit Argusaugen alle Bewegungen im Raum.

»Du solltest die Aktionen der anderen für Marcy kommentieren«, sage ich, »damit sie sicher sein kann, dass du die Handlungen der Besucher wahrnimmst und dich weiter um alles kümmerst. Dazu könntest du zum Beispiel zu diesen hinsehen und mit einem leisen, langgezogenen ›Schhhhhhhh‹ tief und entspannt ausatmen. So weiß Marcy nicht nur, dass du bemerkst, was sie selbst sieht, sondern auch, dass du entspannt dabei bleibst. Bei Hunden bedeutet zum Beispiel ein sehr kurzes Knurren häufig ein direktes

Stopp und ein längerer grollender Ton eine Warnung. Ein langer Ton ohne Schärfe jedoch, in Verbindung mit einem Blick auf den Auslöser, ist häufig ein Informationslaut für den Rest der Gruppe, dass man etwas gesehen hat und sich darum auch zu kümmern gedenkt. Du musst immer darauf achten, dass dieser Informationslaut nicht angespannt oder voll Schärfe klingt, sonst informierst du Marcy darüber, dass du von einer Gefahr beunruhigt bist, und animierst sie, dich unterstützen zu wollen.

Jetzt zum Beispiel, wenn sich der Kameramann bewegt, könntest du hinsehen und sie mit einem Infolaut sehr ruhig davon informieren, dass du das im Blick hast. Am besten gelingt der Ton, wenn du zum Beispiel so tief du kannst ›Schhhhhhööön‹ sagst, so bleibst du weich. Später, wenn Marcy verinnerlicht hat, dass sie sich auf dich verlassen kann, musst du das nicht mehr tun, oder nur noch, wenn du siehst, dass sie etwas sehr beunruhigt. Im Moment weiß sie ja noch nicht, dass du dasselbe wahrnimmst wie sie. Du meldest dich ja immer erst auf ihre Reaktion hin.«

Während Isabell mit einem langen »Ssssschh« ausatmend kommentiert, dass Kerstin gerade auf dem Sofa Platz nimmt und Bernd sich an die Seite stellt, beginnt sich Marcy zusehends zu entspannen. Sie legt sich hin und den Kopf ab.

Gerade in Situationen wie diesen registriert ein Hund genau, ob man für seinen Schutz sorgt oder ihn der Situation überlässt, was ihn wiederum dazu bringt, selbst zu agieren. Wir wissen, warum Besucher anwesend sind. Ein Hund kennt weder die Bedeutung der Personen noch den Hintergrund ihrer Handlungen. Er weiß nicht, dass wir sie eingeladen haben. In Marcys Welt sitzt plötzlich Kerstin, eine wildfremde Frau, auf dem heimischen Sofa. Der Regisseur, ein ebenso unbekannter Mann, lehnt an einer Wand. Der dünne Kameramann hockt zusammengekauert auf dem Boden wie ein riesiges Insekt, das ein schwarzes Kameraauge in den Raum reckt. Neben ihm steht ein hochgewachsener Mann wie ein menschlicher Leuchtturm, aus dem zusätzlich ein Galgen ragt, an dessen Ende ein riesiger Plüschbesatz hängt. Marcy kann nicht wissen, dass dies ein Filmteam samt Helferin ist. Damit sie sich also so entspannen kann, wie sie es gerade tut, waren Isabells Kommentare zu diesen Personen dringend notwendig.

Nachdem sich Marcy erholt hat, wollen wir Straßenbegegnungen einüben, damit Isabell weiß, was sie bei Spaziergängen beachten sollte. Wir führen eine Situation herbei, bei der uns Kerstin mit meiner Hündin Frieda entgegenkommt. Als Marcy die fremde Hündin erblickt, rastet sie aus und fällt in ihre ritualisierten Bell- und Schnapp-Aktionen zurück. Neben der Panik ist ihr die Wut darüber anzumerken, dass sie sich nicht durchsetzen kann, weil ich ihr den Weg blockiere. »Du blöde Kuh, geh mir aus dem Weg. Haaa, ich bin stinksauer. Hilfe!!! Hey, lass mich das jetzt gefälligst machen. Hilfe!!!« – so ungefähr würde ich ihr Verhalten übersetzen. Es kann sehr wütend machen, ständig Angst zu haben und nichts daran ändern zu können.

So stoppe ich Marcys Anfall, indem ich ihr wieder einen körperlichen »Rahmen« gebe und warte, bis die Wut verraucht ist. Dann bitte ich Frieda zu mir, damit Marcy nicht den Eindruck gewinnt, sie hätte mit ihrem aggressiven Verhalten eine Entfernung des Hundes erreicht. Sie soll lernen, darauf zu vertrauen, dass nichts passiert, wenn eine Führung vorhanden ist, und sie soll sich auseinandersetzen lernen mit allem, was ihr regelmäßig einen Kontrollverlust verschafft. Zum ersten Mal wendet Marcy nun prüfend die Nase in Friedas Richtung.

»Geht doch. Sich informieren geht über losschreien«, sage ich anerkennend. Gemeinsam genießen wir ein paar Minuten den schönen Sonnentag.

Dann übergebe ich Marcy an Isabell. Der Hund schießt gewohnheitsmäßig nach vorn, und ich zeige der jungen Frau, wie sie den Raum vor sich beanspruchen kann, damit das nicht passiert.

Jeder kennt sicher die aufgeregten Hunde, die unruhig und/oder panisch um sich blickend vor ihrem Menschen in der Leine hängen und auf der Flucht sind. Sie müssen scannen, was ihnen entgegenkommt, denn die Situation ist ja nicht unter Kontrolle, niemand kümmert sich darum. Da der Mensch den Platz vorn nicht einnimmt, muss es der damit überforderte Hund tun. Zieht ein Mensch den Hund dann an der Leine nach hinten, verstärkt er die Anstrengung des Hundes, vorn bleiben zu wollen. Wie konnte der Mensch auch den wichtigsten Platz im Rudel einfach unbesetzt lassen? Wichtig ist es deshalb als Führender, diesen Raum zu sichern und dem Hund einen Abschluss nach vorn zu geben. Eine Ausnahme bildet die Situation, wenn man mit einem vorderen Leithund zusammenlebt. (In meinem russischen Rudel, beschrieben in meinem Buch »Wanja und die wilden Hunde«, war das der ruhige, souveräne Anton, der vorn den Schutz des zehnköpfigen Rudels übernahm. Da es die Lebensaufgabe eines vorderen Leithundes ist, genau das zu tun, wäre es unsinnig, ihm diese wegnehmen zu wollen.) Man erkennt einen solchen Hund an seiner Ruhe, mit der er Reizen, die von vorn kommen, entgegentritt. Marcy jedoch braucht unbedingt Schutz.

Diese Position kann man als Mensch nur einnehmen, wenn man es mit Präsenz und Bestimmtheit tut. Tritt man dem Hund nur rein mechanisch in den Weg, bildet man eher ein störendes Hindernis, das die meisten Hunde verzweifelt zu umrunden versuchen.

Ich weiß nicht, ob Isabell einfach ein Naturtalent ist, aber sie meistert das Ganze sehr schnell. Sobald Marcy nach vorn gehen will, warnt sie mit »Sst« und dreht sich mit Prägnanz kurz zu ihr ein, falls sie nicht stoppt. Mit einem kleinen Schritt von der Hündin weg überprüft sie, ob diese nicht sofort wieder nach vorn springt. Bleibt Marcy ruhig, kann es weitergehen. Versucht Marcy jedoch, um Isabell wie um ein Hindernis herumzulaufen, muss die junge Frau die Position erneut verhandeln.

Damit Sie dem Hund gegenüber keine Frustration aufbauen, wenn er mit Ihnen um den Raum zu kämpfen beginnt, stellen Sie sich einen leicht abschüssigen Boden vor, auf dem ein Ball immer wieder nach vorn rollt. Der »Ball« kann ja nichts dafür, er muss nach vorn rollen. Sie treten ihm immer wieder völlig cool entgegen und geben den Raum erst frei, wenn der Ball liegen bleibt. Wenn Sie das ohne eigenen Kampf tun, machen Sie es richtig.

Ein Leithund erhöht niemals den Druck, sondern nur seine Präsenz. Sie können Ihre Präsenz verbessern, indem Sie sich – statt lauter zu werden – vorstellen, innerlich immer »breiter« zu werden. Sagen Sie einfach einmal außerhalb einer solchen Situation deutlich »Nein«. War es völlig ruhig und überzeugend? Wenn nicht, stellen Sie sich eine Säule vor, die Sie in sich immer mehr verbreitern.

Dann sagen Sie noch einmal »Nein«. Das können Sie so lange ausprobieren, bis Sie von Ihrer Entschiedenheit überzeugt sind. »Cool« ist hier das Motto. Die »Säule« darf sich niemals »nach vorn richten«, weil das nur aggressiv wäre.

Ein Leithund ist immer der, der am wenigsten tun muss, um etwas durchzusetzen. Deshalb muss das Wenige, das er tut, äußerst überzeugend sein.

Isabell findet schnell in diese Rolle. Noch immer ist mir nicht ganz klar, woher sie ihre Präsenz nimmt, die sie bei Bedarf zückt wie eine verborgene Taschenuhr. Aber sie ist da, wenn Marcy sie braucht.

Dieselbe Deckung benötigt Marcy, wenn sich etwas von hinten nähert. Geht Isabell allein und hat niemanden, der bei dieser ängstlichen Hündin auch hinten die Deckung übernimmt, muss sie selbst in diesem Moment hinter sie treten, um dort souverän und ruhig abzuschirmen. Dabei gilt, den Hund nicht anzusprechen, nur ihn zu sichern. Und weiter.

Einen Monat später besuchen wir Isabell und Marcy erneut. »Haaalooo«, begrüßt Isabell uns auf ihre langsame Art und blickt wie immer eher schüchtern von unten nach oben. Obwohl ich schon beim letzten Mal sehr beeindruckt von der jungen Frau war, wird sie mich gleich erneut überraschen.

Hätte Marcy auf einer Skala der Verhaltensstörungen beim letzten Mal noch stolze acht von zehn Punkten für sich verbuchen können, liegt der Ausschlag jetzt zwischen eins und null. Sie bleibt völlig entspannt in ihrem Hundesofa liegen, obwohl wir alle in ihre Wohnstube stolzieren. Isabell managt unseren Besuch mit so vorausschauenden und präzisen Informationslauten und kleineren Korrekturen der Hündin, dass mir vor Bewunderung der Mund offen stehen bleibt. Tatsächlich können wir also sofort weitermachen bei dem Thema: Wie kann Marcy den Besuch auch als etwas Positives erleben und damit ihre Ängste ablegen? Sicher kennt jeder Hundehalter, der seine Gäste, egal aus welchem Grund, gebeten hat, seinen Hund erst einmal nicht anzusehen, das Ergebnis: Der Gast tut genau das. Die Ursache liegt vermutlich darin begründet, dass ein Verbot Menschen geradezu hypnotisch dazu bringt, genau das zu tun, was sie nicht sollen.

Ich verbiete Ihnen jetzt zum Beispiel, auf ein Symbol am Ende der Seite zu sehen, das ich entworfen habe. Beachten Sie dieses Symbol nicht! Falls es Ihnen gelingt, wissen Sie, wie anstrengend es sein kann, in einem Zimmer umherzuschauen und etwas Bestimmtes darin nicht betrachten zu dürfen.

Ich gratuliere Ihnen zu Ihrer gesunden Neugier!

In der Praxis hat es sich deshalb als praktikabler erwiesen, einem Besucher nicht etwas zu verbieten, sondern ihm zu sagen, was er stattdessen tun darf. Zum Beispiel: »Ich bin sehr froh, dass du da bist. Komm rein und sieh dich ruhig um. Meinen Hund spare dabei aus. Später zeige ich dir eine tolle Sache, die du mit ihm machen kannst, um ihm zu helfen. Solange er sich so aufregt wie jetzt, müssen wir ihn aber nicht noch zusätzlich belästigen.«

Das hilft Besuchern. Probieren Sie es aus.

Um zu sehen, ob diese »tolle Sache« auch bei Marcy funktioniert, bitte ich Isabell, mir ein paar Käsewürfel zu schneiden. Ich setze mich für die folgende Übung auf den Boden und halte Marcy meinen Handrücken senkrecht entgegen. Dann rufe ich: »Touch!« Marcy schießt mit der Schnauze nach vorn und stupst gegen meine Hand. Dafür bekommt sie einen Käsewürfel. Das »Kunststück« beherrscht sie deshalb schon, weil Isabell es ihr nach einem meiner Bücher bereits beigebracht hat.[2] – Bisher hat die Hündin es jedoch nur mit Isabell ausgeführt. Ehe sie nun abwägen konnte, ob es riskant ist, meine Nähe zu suchen oder nicht, wurde sie von ihrer eigenen Fähigkeit überrumpelt und machte es einfach. So nahm sie Kontakt mit mir auf, ohne sich auf die Gespenster ihrer Angst zu konzentrieren.

Stellen Sie sich vor, ich würde mit Ihnen durch eine kleine Höhle voller Schlangen, Ratten und Spinnen gehen, und Sie hätten große Angst davor. Ich müsste Sie zuerst sicher und zielstrebig zur Höhle führen, damit Sie mir überhaupt zu-

2 Nach Maja Maike Nowak, Die mit dem Hund tanzt, z. B. in den Geschichten »Die Tankstelle« und »Die Genauigkeit in Person«.

trauen, dass ich weiß, was ich tue, und mir folgen (Führung). Sobald wir die Höhle jedoch betreten, würde ich Sie sofort fragen: »Wie viel ist zwei und zwei? (Es geht dabei nicht um das Rechnen, denn in Panik wäre man dazu gar nicht fähig, sondern um den Automatismus. »Zwei plus zwei« kennt man auswendig. Wahlweise wäre auch eine Frage nach dem Geburtstort möglich.) Sie erlangen die Kontrolle über die Situation, weil Sie die Antwort wissen. Dann sind wir schon wieder aus der Höhle heraus. Das »Rechnen« mit zwei und zwei ist »Touch«. Der häufig darauf folgende ungläubige Blick des Hundes scheint zu sagen: »Das gibt's doch nicht! Ich hatte gar keine Angst.«

Der zweite Versuch fällt dann mitunter etwas zögerlicher aus, weil der Hund vor seiner eigenen Courage erschrickt und/oder der Überraschungseffekt nicht mehr da ist. Doch durch die erste positive Erfahrung wagen sich fast alle Hunde dennoch wieder an die Hand. So wird auch Marcy immer mutiger, und nach kurzer Zeit haben ihre Augen einen freudigen Glanz bekommen. Ihre Haltung hat das Geduckte und Angespannte verloren und drückt jetzt einen eher kindlichen, verspielten Charakter aus.

Eine meiner Lieblingsszenen des Filmes wird etwas später bei diesem zweiten Besuch gedreht. Wir fahren hinaus auf einen Feldweg, um uns anzusehen, wie Marcy mittlerweile bei Spaziergängen auf fremde Hunde reagiert. Ich habe alle meine Hunde dabei und laufe mehrfach in jeder möglichen Besetzung mit ihnen an Isabell und Marcy vorbei. Bis auf die Tatsache, dass mein Mitja dringend Pipi muss und deshalb zur anderen Seite zieht, passiert gar nichts. Marcy und Isabell gehen so ungerührt ihres Weges, dass ich mir die

Augen reiben würde, wenn ich nicht mehrere Leinen in der Hand hätte.

»Wir haben eben täglich geübt und die Situationen in der Stadt bewusst gesucht, so wie du gesagt hast«, erklärt Isabell in ihrem unnachahmlich schleppenden Sprechtempo dieses kleine Wunder. Ich schaue die junge Frau an und bin mir plötzlich ganz sicher, dass sie eine Wundertüte ist, die bisher nur ein Wesen auspacken durfte. Und das heißt Marcy.

# Und ich bewege mich doch

Schon von Weitem ist zu sehen, dass die struppige, große Hündin schon unzählige Male Junge hatte. Ihr Gesäuge hängt wie ein schwerer, leerer Sack an ihr herunter. Ihre Rute ist zwischen die Hinterbeine geklemmt. Die Schlappohren sind so weit nach hinten gelegt, dass sie sich fast im Nacken berühren. Ihr Kopf ist stark abgeduckt. Die Hündin wirkt wie eingefroren.

Die Frau, die sie an der Leine hält, verstärkt diesen reglosen Eindruck in gewisser Weise. Sie sitzt in einem Rollstuhl und blickt bewegungslos nach vorn. Als sie mich aus dem Auto aussteigen sieht, verändert sich ihr Gesichtsausdruck. Sie zieht die Brauen amüsiert in die Höhe und sagt: »Mit so einem Geländewagen wollte ich auch mal um die Welt, jetzt ist es leider so einer geworden.« Dabei zeigt sie auf ihren Rolli. Ich brauche einen kurzen Moment, um mich zwischen meiner Betroffenheit und ihrem Angebot zur Unbefangenheit einzufinden. Die Frau ist ungefähr vierzig Jahre alt, also zehn Jahre jünger als ich selbst. Ohne es zu wollen, schießt mir sofort durch den Kopf, was ich in ihrer Lage nicht mehr tun könnte: mit meinen Hunden in der Natur laufen, völlig selbständig sein, rennen, um den Bus zu erreichen (in dieser Reihenfolge).

»Ich grüße Sie«, sage ich und betrachte ihr Gesicht von oben. Es ist mir unangenehm, auf sie herabzuschauen. Mir wurde jedoch bereits von mehreren Rollifahrern versichert, dass es für sie ebenso unangenehm wäre, wenn man sich neben sie hockte wie zu einem Kind. Die Oberlippe der Frau liegt wie ein sehr zarter, weit ausgebreiteter Schwalbenflügel über einem schmalen Unterlippenstrich. Ihre dunklen Haare sind zu einem Bubikopf geschnitten und betonen die Apartheit ihrer hohen Wangenknochen. Der angestrengte Ausdruck in ihren braunen Augen bildet einen Kontrast zu dem lockeren Tonfall, den sie mir anbot.

Während ich auf sie zugehe, flieht die Hündin hinter den Rollstuhl und kippt diesen dabei fast um. Um einen Sturz der Frau zu verhindern, springe ich nach vorn und drücke die Armlehnen nach unten. Die Hündin, der eine Flucht wegen der Leine nicht gelingt, friert sofort in eine geduckte Haltung ein.

»Sehen Sie, das Hundemädchen hat große Angst und will gar nicht rausgehen«, sagt die Frau und streckt mir zur Begrüßung die Hand entgegen. »Guten Tag.«

Ich reiche ihr rasch die Hand und trete wieder zurück, damit ich die Hündin nicht noch mehr ängstige. »Sie hätten nicht extra auf der Straße warten müssen. Ich wäre doch zu Ihnen hineingekommen«, fasse ich meine Verwunderung über den Empfang zusammen.

»Aber ich wollte, dass Sie das gleich mal sehen. Das ist ja der Grund, weshalb wir überhaupt nicht hinausgehen können. Im Übrigen habe ich eine Frage: Könnten wir uns vielleicht duzen, dann wäre ich weniger aufgeregt?« Sie blickt mich erwartungsvoll an.

Ich nicke. »Gern, ich bin Maja.«

»Danke, das hilft. Ich heiße Beate«, stellt sie sich vor.

Gekonnt fährt sie mit ihrem Elektrorollstuhl eine Wendung und steuert auf einen Typ von Neubau zu, den es in diesem Berliner Bezirk häufiger gibt. Vier Stockwerke, weiß,

Kastenform. Die Hündin folgt der Frau in einer steifbeinigen, staksigen Haltung, die nicht selbst gewählt, sondern wie ein Automatismus wirkt. Plötzlich überholt sie den Rollstuhl und versucht, ins Haus zu fliehen. Sie zieht dabei so heftig an der Leine, dass der Rollstuhl herumgerissen wird und sich querstellt. »Siehst du«, kommentiert die Frau und bringt sich wieder in die richtige Fahrtrichtung.

In der Erdgeschosswohnung steht die Hündin erstarrt neben uns, und es wird nicht deutlich, ob sie mich wahrnimmt und sich deshalb tot stellt, oder ob sie sich tot stellt und mich deshalb nicht wahrnehmen kann. »Ich leine sie jetzt ab, und du wirst sehen, was passiert«, sagt Beate. Sie klickt den Karabiner der Leine auf, und die Hündin schießt nach vorn, um über den Flur zu fliehen. Dabei grätschen ihre Beine mehrfach unkoordiniert auseinander. Durch ihr struppiges Fell ist nicht auszumachen, ob dies nur an ihrer Panik liegt oder auch an einer zu schwach ausgebildeten Muskulatur ihres Bewegungsapparates. Sie verschwindet um die Ecke in ein geöffnetes Zimmer.

»So ist es immer, geh ruhig nachschauen, was sie dort macht«, sagt Beate und weist mit der Hand in die betreffende Richtung. Ich folge der Aufforderung und gehe der Hündin nach. In dem Zimmer, in das sie verschwunden ist, sehe ich ein großes Bett, zwei Stühle und einen Schrank. Auf meinen fragenden Blick hin zeigt Beate mit einem Finger unter ihren Rollstuhl, um anzudeuten, dass die Hündin sich unter etwas verkrochen hat. Ich gehe auf die Knie und sehe sie zusammengekauert unter dem Bett liegen. Ihr Gesicht ist erstarrt, ihr Maul fest geschlossen, ihr Blick leer auf einen Punkt gerichtet.

»Dort wohnt sie seit einem halben Jahr«, sagt Beate hinter mir. »Sie kommt nur nachts heraus, wenn wir schlafen. Dann trinkt sie, frisst und löst sich in der Wohnung. Deshalb haben wir keine Teppiche mehr.«

»Wie oft hast du sie schon von dort vorgeholt?«, frage ich sehr betroffen.

»Mein Mann hat sie am Anfang täglich herausgezogen, und wir haben die Schlafzimmertür geschlossen, damit sie sich nicht wieder verstecken kann. Aber dann hat sie entweder stundenlang wie erstarrt dagestanden oder sich woandershin verkrochen. Deshalb haben wir sie nicht mehr gezwungen und gehofft, sie käme, wie von den Tierschützern vorausgesagt, irgendwann von alleine wieder hervor«, fügt sie etwas leiser hinzu.

Aus den Augenwinkeln heraus sehe ich plötzlich etwas, das nicht ins Bild passt. Beate steht. In den Türrahmen gelehnt. Aufgerichtet und ohne die Decke über den Beinen, sehe ich eine kleine, zarte Person mit einer jungendlich mädchenhaften Ausstrahlung. Meinen verdutzten Gesichtsausdruck bemerkend, sagt sie: »Das ist keine spontane Wunderheilung. In der Wohnung kann ich mich abstützen und sehr langsam gehen. Ich habe eine fortschreitende Muskelschwäche.«

Im Wohnzimmer erwartet uns ein gedeckter Kaffeetisch und ein im Sessel sitzender Mann, der eine Zeitung wie einen Schutzschild vor sein Gesicht hält. Auch als wir den Raum betreten, senkt er die Lektüre nicht.

»Helmut!?«, sagt Beate mit einem gewissen mahnenden Ton in der Stimme.

Meine Befürchtung, der Mann könnte meinem Besuch ablehnend gegenüberstehen und sich deshalb so verhalten, löst sich in Luft auf, als er die Zeitung sinken lässt und – wie aus einer anderen Welt auftauchend – sagt: »Ach ja. Geht's los?«

»Ja, klar, wir sind schon eine Weile hier, das musst du doch gehört haben«, antwortet Beate.

Der Mann blickt uns mit einer Verständnislosigkeit an, die in ihrer Echtheit fast rührend wirkt. »Ja, ja, gehört habe ich euch«, erwidert er.

»Und könntest du dann auch guten Tag sagen?«, fragt die Frau in einem Tonfall, als müsse sie einem leicht begriffsstutzigen Kind auf die Sprünge helfen.

»Guten Tag, Thiele«, sagt der Mann und bleibt sitzen.

Beate hebt ergeben die Schultern und ergänzt, sich noch einmal an ihn wendend: »Und wir duzen uns schon mit Frau Nowak.«

»Wie?«, fragt der Mann verwirrt.

»Wir können uns, wenn Sie einverstanden sind, gern duzen. Ich bin Maja«, versuche ich, zur Klärung beizutragen.

»Dann bin ich der Helmut«, antwortet er sachlich und fährt sich mit dem Zeigefinger über einen blonden Oberlippenbart.

»Er meint es nicht böse. Ein Diplomat wird nie aus ihm werden«, erklärt Beate lachend.

Am Kaffeetisch widmet sich Helmut mit Hingabe einem Stück Schwarzwälder Kirschtorte und schaufelt bedenklich schwankende Gabelstücke in seinen Mund.

»Erzählt mir doch die Geschichte von Luise«, sage ich, um zum Grund meines Besuches zu kommen.

Beates Tonfall wird leiser und schwächer: »Unsere arme Luise kommt von einem Massenvermehrer und wurde vier Jahre lang als Wurfmaschine in einem dunklen Verschlag mit ein paar anderen Hunden gehalten. Sie ist eine in Deutschland nicht so häufig vertretene Rasse, ein Bosanski Oštrodlaki Gonič, also eine Brackenart. Als der Vermehrer hochgenommen wurde, wurden nur Rassen in der Fabrikhalle gefunden, die in Deutschland eher selten sind. Er hat durch die Menge an Hunden sicher ein Heidengeld verdient, und es ist eine Schande, dass es immer noch Menschen gibt, die bei solchen Leuten billig Hunde kaufen.« Sie fährt sich erregt durch die Haare, bevor sie weiterspricht. »Das Schlimme ist, dass wir Luise jetzt seit einem halben Jahr haben und sich nichts an ihrem Verhalten verbessert hat. Die Tierschützer, über die wir sie bekommen haben, gaben uns den Rat, den Hund einfach in Ruhe zu lassen, bis er von selber die Nähe zu uns sucht. Aber nach der langen Zeit haben wir jetzt das Gefühl, dass es genau das Falsche war, denn Luise will mit uns nichts zu tun haben und lebt eigentlich nur nachts. Dann hören wir sie trinken, sie frisst und löst sich. Auf der Straße tut sie das nie, und deshalb gehen wir auch schon lange nicht mehr mit ihr hinaus. Wir wollten eigentlich nicht mit einem Hund leben, der sich nicht einmal mit uns sicher fühlt. Das ist schrecklich, und ich könnte jeden Tag weinen.«

Sie sieht zu Boden und fängt tatsächlich zu weinen an. Ihr Mann greift verlegen in seine Hosentasche und reicht ihr ein Taschentuch.

»Danke.« Beate schnaubt hinein und blickt mich hilfesuchend an.

»Und warum solltet ihr Luise in Ruhe lassen?«, frage ich nach.

Der Mann, der seine Kuchengabel weggelegt hat und offenbar mit dem Essen fertig ist, antwortet: »Damit Luise sich langsam eingewöhnen kann.«

»Wir haben bei den Tierschützern mehrfach angerufen und um Hilfe gebeten«, fällt ihm Beate aufgeregt ins Wort. »Sie empfahlen uns, Luise über Nacht kein Futter mehr hinzustellen, damit sie am Tag hervorkommt, um zu fressen. Daraufhin hat Luise vier Tage lang nichts zu sich genommen. Wir sind sogar mehrere Stunden weggegangen, damit sie sich hervortraut. Nichts. In der vierten Nacht nach dem Nahrungsentzug hörte ich sie unter dem Bett hervorkriechen. Sie schien schon keine Kraft mehr zu haben, sich zu bewegen, denn sie kam nur in Etappen vorwärts, aber sie ging auf Nahrungssuche. Das war so schrecklich, dass ich ihr das Futter dann doch wieder über Nacht hingestellt habe. Ich denke, dass sie sonst einfach gestorben wäre. Die Tierschützer sagten jedes Mal, wir müssten Geduld haben und warten, und wir sollten Luise nicht bedrängen, das wäre das Wichtigste. Wir haben uns echt völlig allein gelassen gefühlt mit der Situation.«

»Die Luise kann jetzt bei uns bleiben, bis sie stirbt«, ergänzt Helmut. »Allerdings würden wir nicht noch einmal einen Hund aus dem Tierschutz nehmen. Nie wieder. Er war ja für meine Frau gedacht, die viel allein ist, weil ich auf Arbeit bin. Damit sie rauskommt mit dem Rolli. Das haben wir auch angegeben. Uns wurde gesagt, dass wir für Luise genau die Richtigen wären, weil sie auf Grund ihrer Vorgeschichte sicher ohnehin keine langen Spaziergänge mehr brauche, sondern froh sein würde, ein ruhiges Zuhause zu haben. Nun aber ist weder meiner Frau noch dem Hund geholfen. Jetzt sind wir hier alle eingesperrt, weil wir so falsch beraten wurden«, sagt er ärgerlich.

Ich denke darüber einen Moment nach und sage schließlich in sachlichem Ton: »Ich möchte keine Partei ergreifen, aber ich habe selbst Hunde aus unterschiedlichen Tierschutzorganisationen und bei ihnen eine große Kompetenz in puncto Hundecharakterisierung und Vermittlung erleben können. Auch die Tierschützer, die Luise halfen, haben ja erst einmal ein wunderbares Werk getan, als sie sie befreiten. Es ist nur schade, dass sie euch diese Tipps gaben, denn für Kompetenz spricht ja immer auch zu wissen, wo die eigenen Grenzen liegen. Es ist ein seltsames Phänomen, dass Menschen, die viel mit Hunden zu tun haben, häufig annehmen, es würde von ihnen erwartet, dass sie ganz automatisch auch außerhalb ihres eigenen Fachgebietes Kenntnisse über Hunde besitzen müssen. Wenn ich zum Beispiel bei meinem Hundefleischer an der Kasse anstehe, höre ich fast jedes Mal, dass über den Verkaufstresen auch Tipps in puncto Hundeerziehung gegeben werden. Dabei finde ich am bemerkenswertesten, dass die Kunden selbst nach diesen Tipps fragen und sie sich dankbar anhören. Ich bin mir ganz sicher, dass niemand von uns einen Apotheker bitten würde, ihn zu operieren, nur weil er täglich mit kranken Menschen zu tun hat. Wenn es um Hundeerziehung und Therapie geht, scheint in uns jedoch häufig ein nicht zu bremsender Drang zu entstehen, Tipps zu geben oder zu empfangen. Egal von wem. Ich möchte euch hier nicht kritisieren, nur darauf hinweisen, dass auch ihr auf die Rezepte eines ›Apothekers‹ gehört habt, anstatt nach einem ›Arzt‹, in diesem Fall einem Hundetherapeuten, zu suchen.«

Nach einem betretenen Schweigen sagt der Mann: »Ich bin auch der Meinung, dass wir nicht immer auf andere Leute hören müssen, aber meine Frau wollte alles richtig machen. Sie hat sich sehr bemüht.«

Ich spüre, dass ich wohl etwas zu heftig war, und sage einlenkend: »Natürlich. Ein halbes Jahr lang mit einem so schwer traumatisierten Hund zu leben ist mehr als eine Bemühung. Ich wollte das Thema nur ansprechen, weil ihr offenbar noch immer einiges an Energie für euren Ärger verschwendet, eure Kraft aber jetzt für Luise braucht. Also lasst uns loslegen. Nicht wahr?«

»Ich bin dabei. Was soll ich tun?« Helmuts Initiative signalisiert, dass die Aussicht auf Aktivität ihn mehr beflügelt als lange Gespräche.

»Eine gute Einstellung«, nehme ich seinen Elan auf. »Im Augenblick setzt Luise ja nur ihre Lebenssituation von früher fort, indem sie sich einen neuen Verschlag unter eurem Bett gesucht hat. Ich habe den Eindruck, dass sie schwer traumatisiert ist. Von allein kann sie da gar nicht wieder herausfinden.«

»Siehst du, das hab ich doch immer gesagt, dass sie traumatisiert ist.« Beate tippt ihren Mann mit dem Zeigefinger an den Oberarm.

»Darunter kann ich mir nichts vorstellen«, sagt dieser schlicht und sieht mich, offenbar auf eine Erklärung wartend, an. In seinen blauen Augen ist nun ein Anflug von Skepsis zu erkennen.

Ich fasse den Sachverhalt so knapp wie möglich zusammen: »Wenn Tiere sich in Gefahr fühlen oder in eine ausweglos scheinende Lage geraten, versuchen sie entweder zu fliehen oder zu kämpfen. Gelingt ihnen weder die Flucht noch eine Abwehr, können sie sich nur noch tot stellen und verfallen in eine Körperstarre, um den Angreifer zu täuschen. Normalerweise schütteln sie diese Starre wieder ab, wenn der Angreifer verschwunden ist, und sie entladen die überschüssige Energie, die weder in die Flucht, noch in die Verteidigung gehen konnte, durch ein Zittern. Dann bleibt nichts aus dieser Situation zurück, und sie können ganz normal weiterleben. In Luises Fall jedoch ist es so, dass die schreckliche Situation in dem Verschlag ja kein temporärer Angriff war, sondern ein Dauerzustand. So konnte sie weder aus ihrer Erstarrung auftauchen, noch ein normales Leben weiterführen. Wenn sich die Schockenergie aber nie entladen kann, bleibt man wie in einem ›schwarzen Loch‹ darin gefangen. Das bezeichnet man als Trauma. Deshalb kann Luise sich nicht anders verhalten, auch wenn die Angstsituation schon längst beendet ist.«

»Oh mein Gott, ich hoffe, man kann ihr noch helfen«, bricht es aus Beate heraus. Erneut laufen ihr Tränen über das Gesicht, als sie fragt: »Aber wie willst du das machen? Du kannst doch den Hund nicht auf die Couch legen.«

Ich muss trotz des ernsten Themas bei dieser Vorstellung schmunzeln und antworte: »Nein, auf die Couch muss Luise nicht. Ich werde jetzt etwas versuchen, was man Pendeln nennt. Es kommt von dem amerikanischen Traumatherapeuten Peter Levine. Sehr vereinfacht gesagt, pendelt man bei dieser Methode immer zwischen der belastenden Situation und einer angenehmen Körpersituation hin und her, bis sich die Belastung nicht mehr so schlimm anfühlt. Peter Levine wendet das bei traumatisierten Menschen an, und das Ganze verlangt einiges Fingerspitzengefühl. Macht man einen Fehler, erreicht man das Gegenteil und traumatisiert den Patienten erneut. Weil ich von den Hunden ja keine verbale Rückmeldung darüber erhalten kann, wie sie sich fühlen, muss ich ausschließlich meinen eigenen Instinkten vertrauen. Falls ich also von Luise nichts spüre, oder zu wenig, um sie da hindurchzuführen, werde ich aufhören. Auch brauche ich euer Vertrauen und Einverständnis, falls Dinge passieren, die ihr nicht gleich zuordnen könnt.«

»Was könnte denn passieren?«, fragt Helmut vorsichtig.

»Luise könnte sehr schlimm hecheln, schreien oder zittern. Das alles wären jedoch Zeichen, die eine Entladung des Traumas anzeigen können. Die angestaute Energie, die in der langen Zeit nicht frei werden konnte, muss irgendwie wieder hinaus. Danach besteht dann die Möglichkeit, dass sich Emotionen wie Aggression oder Panik entladen, die ich jetzt noch nicht vorhersehen kann. Ich kann euch nur versprechen, sofort aufzuhören, wenn ich das Gefühl habe, die Situation entgleitet mir.«

»Das hört sich ziemlich dramatisch an. Ich bin aber einverstanden. Wenn es nur hilft«, erklärt Helmut sachlich.

»Können wir dabei etwas machen?«, fragt Beate, deren Lippen jetzt nur noch einen dünnen Strich bilden.

Ich reiche Helmut eine ein Meter lange Lederschnur, an deren einem Ende ein Karabiner und am anderen eine Schaumgummischlaufe befestigt ist.

»Du könntest bitte den Karabiner an Luises Geschirr befestigen und das Ende mit der Schaumgummischlaufe so vor euer Bett legen, dass ich es zu fassen bekomme.«

Helmut sieht überrascht auf die selbst gebastelte Konstruktion und fragt: »Wozu soll das gut sein mit der Schlaufe?«

»Die habe ich vorsichtshalber an der Leine. Wenn ich mit ängstlichen oder panischen Hunden arbeite, die ihren Schwanz stark einklemmen, brauche ich sie mitunter, um den Schwanz oben halten zu können, damit der Hund ihn nicht einklemmt. Der eingeklemmte Schwanz ist sonst wie ein Deckel, der ein Einweckglas fest verschließt. Man kann den Hund innerlich nicht erreichen, aber auch er kann seine Angst nicht verlieren, weil er mit seiner Körperhaltung an der Angst festhält.«

»Aha, dann mach ich das mal«, sagt Helmut, atmet laut aus und steht auf. Seinem raschen Abgang ist anzumerken, dass er froh ist, etwas Praktisches tun zu können.

»Erledigt«, kommentiert er kurz darauf sein Zurückkommen und sieht mich erwartungsvoll an.

»Du könntest jetzt weiter Zeitung lesen«, biete ich ihm an. »Während ich mit Luise arbeite, wäre es wichtig, dass ihr keine Anspannung auf sie übertragt und etwas Normales tut.«

»Kein Problem«, sagt Helmut und nimmt Platz, um sich wieder seiner Lektüre zu widmen. »Und ich?«, fragt Beate mit großen Augen. »Kann ich nicht zusehen?«

Ich hebe bedauernd die Hände: »Schon, aber mir wäre es lieb, wenn du dir dafür eine feste Position suchst, in der auch du dich, so gut es geht, entspannst. Du könntest dich zum Beispiel hinlegen.« Ich zeige auf das Sofa.

Beate lehnt ab: »Ich weiß nicht, ob ich jetzt ein Sonntags-Wohlfühl-Programm hinbekomme, ich bin sehr aufgeregt.«

Ich nicke: »Genau deshalb muss ich dich bitten, etwas zu

tun, was dich beruhigt. Würdet ihr beide angespannt dasitzen und zuschauen, wäre das sehr schwierig für Luise und auch für mich. Eigentlich müsste ich ganz allein sein mit ihr, aber weil ich nicht weiß, was passieren wird, ist es doch besser, ihr bleibt.«

Beate bewegt sich zum Sofa hinüber, indem sie sich am Tisch anlehnt und langsam an ihm entlangzieht. Dann legt sie sich hin. Dabei reckt sie ihren Kopf noch angestrengt nach oben, um besser sehen zu können.

»Leg dir doch ein Kissen unter«, schlage ich vor.

Sofort erhebt sich Helmut und bringt unaufgefordert zwei Kissen von einem Sessel herbei. Er wird vielleicht nie ein Diplomat werden, wie seine Frau sagt, aber dafür ist er ein wirklich hilfreicher Partner.

Als ich das Schlafzimmer betrete, schaut das Leinenende unter dem Bett hervor. Von der Hündin ist nach wie vor nichts zu sehen, aber ihre Anspannung liegt wie ein Sommergewitter in der Luft. Es ist eine Nuance zu still im Raum. Ich habe keine Ahnung, was passieren wird, und nur die Chance, dass Luise mir in irgendeiner Form zeigen wird, was sie braucht, und ich es auch wahrnehme. (Alles, was ich jetzt beschreibe, ist nicht zur Nachahmung geeignet! Ich besitze zwar einiges an therapeutischem Handwerkszeug, verwende es jedoch instinktiv – und wie hier abgestimmt auf die jeweilige Situation und das jeweilige Wesen. Deshalb könnte dieselbe Vorgehensweise keinem anderen Hund gerecht werden und ihn vielleicht sogar schädigen. Ich nutze im Folgenden nur Vorgaben, die Luise mir machte, und nicht einfach Techniken, die ich kenne.)

Ich atme ein paar Male tief ein und aus, um mich vorzubereiten. Dann setze ich mich auf den Boden und lehne mich mit dem Rücken an die Bettverschalung. Obwohl ich nicht die Hoffnung habe, dass sich die Hündin in ihrer festgefahrenen Situation erkundigen wird, wer ich bin, kann sie sich dennoch an meine Anwesenheit gewöhnen. Ich nehme keine Bewegung und kein Geräusch aus ihrer Richtung wahr. Nach fünfzehn Minuten erhebe ich mich langsam und greife dabei nach der Leine. Mit einer ruhigen und gleichmäßigen Bewegung ziehe ich die Hündin unter dem Bett hervor. Dank des glatten Holzbodens rutscht sie in einem Schwung nach vorn. Ihre Augen sind vor Überraschung geweitet. Sie will sofort zurück unter das Bett fliehen und reckt dazu den Kopf ruckartig nach vorn. Ehe sie in Panik geraten kann, drehe ich den steifen Hundekörper in Richtung Flur, greife mit der Innenkante der Hand kurz in ihren Nacken und imitiere ihre eigene Kopfbewegung, indem ich den Kopf mit einem kleinen Ruck nach vorn stupse. Tatsächlich setzt sie sich bei der Wiederholung ihres eigenen Impulses sofort in Gang, diesmal allerdings in die von mir gewählte Richtung. Diese Bewegung nutzend, laufe ich schnell los und nehme sie an der Leine mit in den Flur. Dort erstarrt sie wieder. Noch einmal löse ich ihre Blockade mit einem kleinen Schieber im Nacken, und sie geht weiter. (Es würde nichts nützen, sie nur an der Leine hinterherzuziehen, ohne dass sie an diesem Vorgang beteiligt ist. Dann könnte sie die Handlung niemals selbst wiederholen.)

Ich bewege mich schneller, und wir kommen fast im Laufschritt im Wohnzimmer an. Dort bleiben wir für ein paar Sekunden. Eine kurze Augenbewegung ist alles, was Luise an Regung zeigt. Dann erlischt ihr Blick wieder, und ihr Körper will in sich zusammensacken. Ich fahre mit den Händen behutsam unter ihren Brustkorb und halte sie oben. Sie lässt die Hinterbeine einknicken, deshalb verlagere ich ihr Gewicht nach vorn und hebe Luise hinten etwas an, um zu sehen, ob sie vielleicht ihre Vorderbeine nutzt. Diese »Schubkarrenhaltung« sieht seltsam aus bei einem Hund, ist aber häufig wirksam, weil sie den Hund überrascht und er zumindest losläuft, um ihr zu entkommen. Auch Luise geht vier kleine Schritte auf den Vorderbeinen, und ich lasse dabei ihre Hinterbeine langsam wieder auf den Boden sinken. Sic finden jetzt Halt, und ich laufe, den Schwung ihrer Bewegung nutzend, mit ihr zurück zum Schlafzimmer. Dort angekommen will Luise sich flach auf den Boden pressen. Weil jedoch der Nervenzweig im Gehirn, der für die Wahrnehmung der Gelenk- und Muskelbewegungen zuständig ist, nur im Stehen angeregt wird, greife ich wieder unter sie und hebe sie stützend in eine aufrechte Haltung. Als ich Luise nach ungefähr drei Minuten das erste Mal loslasse, rutscht die Hündin erneut in sich zusammen. Deshalb stütze ich sie weiter unterhalb des Brustkorbs und des Beckens. Beim zweiten Loslassen bleibt sie auf wackeligen Beinen stehen. Ich lasse in meiner Unterstützung in dem Maße nach, in dem sie ihren Stand stabilisiert. Nach wenigen Minuten beginnt Luise leicht hechelnd selbstständig zu stehen.

Ihr Schwanz klebt fest eingeklemmt unter ihrem Bauch. Diese Körperhaltung ist der eines Menschen vergleichbar, der tief in sich zusammengekauert die Arme über seinen Kopf presst. Auch von ihm könnte man nicht erwarten, dass er sich in dieser geschlossenen Körperhaltung entspannt ansieht, wo er ist und was ihn umgibt. Damit Luise aus ihrer tiefen inneren Abschaltung auftauchen kann, muss ich dafür sorgen, dass ihr Schwanz sich nach oben »öffnet«. Während ich mit einer Hand stabilisierend unter ihr Becken greife, nehme ich mit der anderen die Schaumgummischlaufe am Leinenende auf. Ich öffne den Klettverschluss, der sie verschließt, und lege den flachen Schaumgummistreifen ungefähr drei Zentimeter hinter Luises Schwanzwurzel. Dann nehme ich die zweite Hand zu Hilfe, wickele den Streifen um den Schwanz und lege das Klettband über den Schaumgummi. Jetzt kann ich die Leine einhändig wie einen Henkel benutzen. Mit ihrem hinteren Ende hebe ich Luises Schwanz nach oben und mit dem vorderen halte ich sie an ihrem Geschirr fest.

In einem ganz kleinen Winkel dreht die Hündin den Kopf nach hinten, als wolle sie herausfinden, was da mit ihrem Hinterteil passiert. Dieser erste Versuch einer Orientierung ist ein Hinweis darauf, dass Luise aus ihrer inneren Abschaltung auftaucht. Ich warte deshalb ein paar Minuten ruhig, bis sie den Kopf wieder nach vorn nimmt und diese Empfindung verarbeiten konnte. Mit dem kurzen »Nackenschieber« bewege ich sie ein paar Schritte hin und her, damit sie ein Gefühl für ihre Laufbewegungen bekommt. Sie setzt sich etwas steifbeinig in Gang, wirkt beim Gehen jedoch nicht mehr so automatenhaft wie zuvor. Mit Schwung laufe ich mit ihr in das Wohnzimmer. Mein Instinkt sagt mir, dass es für Luise besser ist, sich in einem Spurt dem Ort zu nähern, den sie noch fürchtet. Sie konzentriert sich dabei ganz auf das Laufen und nicht auf ihre Angst. Den Rückweg ins

Schlafzimmer lege ich sehr langsam mit ihr zurück, damit sie diesen Gang in die »Sicherheit« bewusst wahrnehmen kann.

Diesen Ablauf wiederhole ich ungefähr zehn Minuten lang immer wieder. Im Schlafzimmer zeigt Luise bereits durch Augenbewegungen an, dass sie sich räumlich zu orientieren beginnt. Wenn überhaupt, hat sie den Raum ja bisher nur aus der Unter-dem-Bett-Perspektive gesehen. Ich vermute jedoch, dass sie in ihrer Erstarrung auch von dort aus nicht wirklich etwas wahrnehmen konnte. Bei dieser traumatischen Form der inneren Abschaltung, wie sie bei Luise vorhanden ist, sorgt der Organismus durch das Herunterfahren aller Sinneseindrücke dafür, dass er weiter überleben kann. Deshalb haben traumatisierte Hunde häufig Probleme, sich überhaupt zu orientieren.

Eine ganz flüchtige Augenbewegung in meine Richtung, von der man meinen könnte, sie wäre einem Versehen geschuldet, deutet eine weitere Verbesserung an. Die Hündin beginnt nun offenbar, auch Informationen über das fremde Wesen einzuholen, das ich für sie bin. Auch ihre Ohren wenden sich etwas nach hinten, nur ihre Nase bewegt sich nicht.

Ich hocke mich einen halben Meter entfernt neben sie auf den Boden und drehe ihr den Rücken zu, damit sie ihre Erkundung gefahrlos intensivieren kann, falls sie das möchte. Nach ein paar Minuten höre ich hinter meinem Rücken plötzlich ein Geräusch. Es klingt wie ein leises, langes Pfeifen. Ich brauche etwas, um zu begreifen, dass es der Atem der Hündin ist, die ihr bisher fest geschlossenes Maul offenbar geöffnet hat. Ich drehe meinen Kopf zur Seite und sehe aus den Augenwinkeln noch etwas Überraschendes. Die Hündin blickt mich an.

»Jawoll. Du schaffst das«, spreche ich sie das erste Mal ruhig und leise an.

Ich warte noch einen Moment, dann stehe ich langsam auf.

»Und los geht's, mein Mädchen.« Auch wenn sie die Bedeutung der Worte nicht versteht, so empfängt sie doch die aufmunternde, freundliche Energie der Töne. Tatsächlich folgt mir Luise, als ich loslaufe.

Als ich, im Wohnzimmer angekommen, stehen bleibe, blickt sie mich an. Ich hocke mich neben sie auf den Boden, weil ich den Eindruck habe, dass sie sich an mir zu orientieren beginnt und ich ihr für die neue Situation Schutz bieten kann. Sie setzt sich und zeigt mit Augen- und Ohrenbewegungen an, dass sie das Neue in sich aufzunehmen beginnt.

Aus den Augenwinkeln nehme ich den starr gebannten Blick Beates wahr. Helmut sieht über seine Zeitung.

»Haaaaaaaa«, dieser plötzliche, hohe Schrei kommt so überraschend, dass wir alle zusammenfahren. Es ist ein Ton, der nicht wirklich nach einem Hund klingt, sondern zu vielen Wesen gehören könnte, die große Angst haben. Dieses Lebenszeichen zeigt zwar an, dass Luise wieder zu fühlen beginnt und diesen Gefühlen auch Ausdruck verleiht, dennoch will ich vermeiden, dass sie von ihrer Angst überwältigt wird. Deshalb leite ich ihre Emotion in eine aktive Flucht um, die ihr das Gefühl geben soll, handlungsfähig zu sein – etwas, das sie in dem Verschlag des Massenvermehrers niemals war. Ich lasse ihre Leine locker und ermutige sie in dem Impuls, zurück in das Schlafzimmer zu laufen.

»Los, mein Mädchen. Ab geht die Post«, rufe ich in unbeschwertem Tonfall, der sie nicht in ihrer Angst, sondern nur in der Möglichkeit, sich zu entfernen, bestärken soll. Luise rennt los. »Toll. Gut gemacht«, lobe ich sie im Schlafzimmer. »Und noch einmal dasselbe.« Wir starten wieder zum Wohnzimmer durch.

Nach sieben Wiederholungen beginnt Luise zu zittern und stark zu hecheln.

»Maja, das ist jetzt vielleicht zu viel für sie, sie zittert ja so…«, höre ich plötzlich hinter mir Beate mit besorgter Stimme sagen. Ich fahre wie Luise kurz zusammen, weil ich Beate und Helmut in diesem Moment gar nicht präsent hatte.

»Das Zittern ist wunderbar, Beate, das Beste, was passieren kann, vertrau mir«, sage ich in aufmunterndem Tonfall, während ich mit der Hündin im Lauftempo das Zimmer verlasse, damit sie von der Anspannung nicht angesteckt wird und Beate durchatmen kann.

Im Schlafzimmer hechelt Luise extrem stark und zittert weiter. Diese angestauten Energien, die nun offenbar mit jahrelanger Zeitverzögerung Luises Körper verlassen, lassen sich tatsächlich mit dem Zittern verwechseln, das die Angst vor etwas Aktuellem hervorrufen kann.

»Bei uns ist alles gut«, sage ich laut und in der Hoffnung, Beate und Helmut hören mich. »Luise erwacht zum Leben.« Plötzlich drängt die Hündin nach vorn in Richtung Flur, und da es das erste Mal ist, dass sie selbst diesen Impuls zeigt, löse ich die Schaumgummischlaufe, die bisher ihren Schwanz hielt, und gebe etwas Leine nach. Dann lasse ich sie loslaufen und folge ihr. Sie rennt aus dem Zimmer in den Flur, weiter in die Küche und wieder zurück in das Schlafzimmer. Sie hält inne, zittert, hechelt stark, setzt sich. Springt erneut auf, läuft in die Küche, blickt sich um, läuft zurück, legt sich auf den Bettvorleger und zittert etwas weniger. Dann sieht sie mich an.

Ihr Blick ist unsicher und verstört, und sie wirkt, als sei sie gerade aus einem bösen Traum erwacht. »Gut machst du das. Großartig«, sage ich so ruhig ich kann, obwohl ich mich unglaublich freue. »Habt noch etwas Geduld da drüben. Wir sind auf einem sehr guten Weg«, informiere ich noch einmal Beate und Helmut.

Nach einigen Minuten atmet Luise fast ruhig. Ihre geweiteten Pupillen haben sich auf eine normale Größe reduziert. Sie sieht mich mit kurzen Blicken immer wieder an.

Allein die Nase, ihr wichtigstes Sinnesorgan, verwendet sie noch immer nicht. Das hat etwas von einer Tennisspielerin, die sich nach einer langen Pause wieder auf den Platz traut, aber nicht mehr weiß, wie sie den Schläger in die Hand nehmen soll. Die wichtigsten Informationen, die ein Hund überhaupt gewinnen kann, erhält er über seine Nase. So wie wir Menschen uns ein Gegenüber mit den Ohren und Augen erschließen (Tonfall und Körperhaltung erzählen uns Notwendiges über dessen Emotionen und Verfassung), erhalten Hunde wichtige Informationen über ihre Nase. Sie ist ihr soziales Organ, das ihnen je nach Vermögen auch Sicherheit und Kompetenz verleihen kann. Setzt ein Hund seine Nase nicht mehr ein, ist das so, als ob ein Mensch mit Ohrstöpseln und Augenbinde durch die Welt laufen würde.

Ich fasse deshalb in meine Gürteltasche und hole ein stark riechendes Stückchen Käse hervor. Ich habe diesen

»Stinkekäse« deshalb mitgebracht, weil er nur sehr schwer zu ignorieren ist und ihn nach meiner Erfahrung fast alle Hunde gerne fressen. Ich lege ihn auf den Holzboden, vielleicht dreißig Zentimeter von Luise entfernt. Ihn genau vor die Hündin hinzulegen könnte eine Abwehrreaktion bei ihr auslösen und würde zudem den erwünschten Einsatz ihrer Nase unnötig machen.

Es vergehen sicher zwei Minuten. Dann ein ganz winziges Zucken der Nase – Pause. Ein heftiges Zucken der Nase – Pause.

Eine kleine Kopfbewegung in die Richtung des Futters.

Dann eine Überraschung, die mich fast »umhaut«. Ihr Kopf geht wie in Zeitlupe nach vorn, während der Rest des Körpers da bleibt, wo er ist. Sie reckt den Hals so weit sie kann in Richtung Futter, damit sie, ohne sich von ihrem Platz wegzubewegen, an den Käse kommt. Ihre Zunge erscheint und leckt ganz vorsichtig an dem Käsestückchen. Mit einer unsicheren Bewegung versucht sie, das Futter mit der Zunge einzusammeln. Nach mehreren Anläufen gelingt es. Sie kaut ganz behutsam und schluckt.

In diesem Moment muss ich mich sehr beherrschen, um meiner Freude nicht lautstark Ausdruck zu verleihen. Ich unterdrücke meine Gefühle nur, um Luise nicht zu erschrecken, und sage so ruhig ich kann: »Wow, das hat du großartig gemacht, mein Mädchen.«

Dann werfe ich das nächste Stück: »Hier, auf ein Neues.« Auch dieses frisst sie vorsichtig und blickt mich danach sehr schüchtern an. »Herzlich willkommen im Leben«, denke ich und muss mich wieder zusammenreißen, um nicht vor Freude in die Luft zu springen.

Das nächste Käsestück werfe ich weiter weg. Jetzt, wo keine Panik mehr in ihrem Blick zu sehen ist, fällt mir zum ersten Mal die schöne schwarze Umrandung von Luises braunen Augen auf. Wieder bewegt sie zuerst die Nase nach vorn, dann den Kopf, dann streckt sie den Hals nach vorn. Mit einem Blick zu mir, mit dem sie sich vergewissert, dass ich bleibe, wo ich bin, robbt sie mit dem Oberkörper ein ganz kleines Stück nach vorn, weil sie das Käsestück noch nicht erreichen kann. Doch auch das reicht noch nicht aus, um an das Futter zu kommen. Deshalb kriecht sie nun vorsichtig näher heran, indem sie immer wieder eine Pause macht, bis sie den Käse mit einem kurzen Zuschnappen aufnehmen und schnell wieder zurückweichen kann.

Bevor sich Luise vor ihrer eigenen Courage erschrickt, werfe ich das nächste Stück. Es landet vor der Türschwelle. Die Hündin zögert einen Moment, setzt sich dann auf und blickt mich an. »Okay, hol es dir«, ermutige ich sie. Sie zögert, und ihr Kopf geht immer wieder in kleinen Bewegungen in Richtung Schwelle und zu mir. Plötzlich macht sie einen Schritt zur Seite und steht genau neben mir. Sie lehnt sich an mich, und diese Berührung kommt für mich so unerwartet, dass ich darauf achten muss, vor Überraschung nicht die Luft anzuhalten. Einem Impuls folgend, öffne ich meine Hand, in der noch etwas Käse ist, und halte sie ihr hin. Die Berührung ihrer Nase und Zunge ist sehr sanft und erscheint mir wie ein kleines Wunder. »Na siehst du, das wird doch«, sage ich. Und Luise probt tatsächlich als Antwort einen ganz winzigen Schwanzwedler.

Diese Reaktion nehme ich zum Anlass, um mit ihr zum Wohnzimmer zu laufen und sie Beate und Helmut in ihrer veränderten Verfassung vorzustellen. Als wir um die Ecke biegen, sehe ich Beates Gesicht, das angstvolle Erwartung ausdrückt, und Helmut, der uns ebenfalls angespannt entgegenblickt.

»Freude sieht anders aus«, sage ich scherzhaft, um die Situation zu entspannen, und gehe mit Luise zurück ins Schlafzimmer. Dort bleibt Luise stehen und sieht mich an. Sie versucht sich nicht in Sicherheit zu bringen, sondern wartet tatsächlich auf eine Entscheidung, wie es weitergeht. »Herzlich willkommen, Luise«, sage ich und muss mich räuspern vor Rührung.

»Und auf ein Neues.« Wir laufen zurück ins Wohnzimmer. Beate hat sich inzwischen aufgesetzt. Ihre Augen sind weit aufgerissen, und ihr Mund formt ein winziges Lächeln. Helmut beugt sich leicht nach vorn und stützt einen Ellenbogen auf dem Tisch ab. Sein Gesicht hat einen interessierten Ausdruck angenommen, der auch zur Begutachtung eines neuen Autos passen könnte.

Luise hat sich neben meinen Fuß gesetzt. »Darf ich hier Platz nehmen?«, frage ich und zeige auf einen Sessel, der der Tür am nächsten steht.

»Natürlich.« Beate macht eine einladende, aber leicht abwesende Geste, als ob sie gerade nicht aus dem Konzept kommen wolle. »Aber wie kann das sein?«, fragt sie.

»Luise hat heute sehr große Schritte gemacht.« Ich blicke bewundernd zu der Hündin, die sich, schüchtern um sich blickend, immer mehr in der neuen Situation zurechtfindet. »Ich erzähle euch jetzt noch, was ich mit ihr erlebt habe, und schlage vor, dass wir ansonsten erst morgen früh weitermachen.«

»Na klar. Das ist gut«, sagt Helmut und blickt jetzt anerkennend auf Luise wie auf den tollen Prototyp eines neuen Wagens.

»Es ist nur wichtig, dass ihr sie jetzt nicht gleich bedrängt«, füge ich hinzu.

»Aber kann ich sie nicht einmal streicheln?«, fragt Beate. »Ich warte doch nun schon so lange auf diesen Augenblick.« Sie hat Tränen in den Augen.

Ich hebe abwehrend eine Hand.

»Luise ist noch mit der Verarbeitung der Situation beschäftigt, und deshalb solltet ihr warten, bis sie selbst Körperkontakt sucht«, rate ich den beiden.

»Aber das ist ganz schön schwer«, wirft Beate jetzt mit einem gespielt lustigen Schmollmund ein.

Ich nicke lächelnd, um mein Verständnis auszudrücken, und suche ein besseres Bild zur Erklärung: »Stell dir ein erstes Date mit Helmut vor. Er begehrt dich und will dir näherkommen.« Beate blickt amüsiert zu ihrem Mann, und auch er wartet interessiert auf die Fortführung der Geschichte. »Ihr sitzt im Café und er schiebt seine Hand über den Tisch, um deine Hand zu berühren. Du bist jedoch noch nicht so weit und lehnst dich zurück, um Abstand auszudrücken. Er aber kommt dir immer näher, weil du ja zurückweichst. Wie fühlt sich das an?«

Beate zögert keine Sekunde: »Na, nicht gut. Ich verstehe.« Danach wirft sie ihrem Mann einen amüsierten Seitenblick zu, der vielerlei Schlüsse zulassen könnte.

»Aha«, sagt dieser dann auch in seiner rührend sachlichen Art. »Heißt das jetzt, dass wir Luise niemals anfassen dürfen?«

Ich lache und schüttle den Kopf. »Nein. Ich erkläre es noch einmal anders. Welche Sportart magst du?«

»Boxen«, sagt er spontan.

»Dann stell dir mal einen Boxer vor, der k.o. gegangen ist und lange am Boden gelegen hat. Dann kommt er zu sich, erhebt sich taumelnd und versucht sich zu orientieren. Ihm tut alles weh. Er versucht, den Schlag wegzustecken, der ihn niedergestreckt hat, und die Ohnmacht der Niederlage.« Helmut nickt, um mir anzuzeigen, dass er auf die Pointe wartet. »In diesem Moment kommt der Trainer und streichelt ihn«, ende ich.

»Macht ein Trainer doch nicht«, erwidert Helmut sofort kategorisch.

Ich zeige auf Luise. »Auch sie kommt gerade nach vielen K.o.-Schlägen ins Leben zurück.«

»Aaaah.« Helmut hebt die Brauen und nickt.

»Und auch sie will danach nicht gestreichelt werden, sondern muss die Situation erst verarbeiten«, beende ich den Gedanken. »Also, gebt Luise jetzt einfach noch Zeit.«

»Kapiert«, sagt Helmut und verlässt das Zimmer.

»Wo ist er denn hin?«, frage ich erstaunt.

Beate blickt mich bedeutungsvoll an und sagt: »Sicher Abendbrot machen. Es ist 18 Uhr.«

»Du glaubst es nicht, aber als wir gestern Abend ins Schlafzimmer gehen wollten, lag Luise vor dem Bett und schlief. Sie verkroch sich erst, als wir das Zimmer betraten«, empfängt mich Beate am nächsten Tag voller Freude. »Und heute Morgen hat sie alle Brocken aufgefressen, die ich im Schlafzimmer verstreut habe.«

Auf dem Weg zum Wohnzimmer werfe ich einen kurzen Blick ins Schlafzimmer und nehme tatsächlich eine wunderbare Veränderung wahr. Luises Schnauze lugt unter der Bettkante hervor, und ihre Nase bewegt sich ganz leicht.

Helmut sitzt am Wohnzimmertisch und sagt bei meinem Eintreten: »Guten Morgen.«

»Ach Helmut«, sagt Beate seufzend. »Wir hatten doch besprochen, dass du auch aufstehst zur Begrüßung.«

Helmut blickt so ehrlich betroffen, dass ich sage: »Ich fühle mich völlig ausreichend begrüßt! Guten Morgen.«

In diesem Moment hören wir ein leises Geräusch. Es ist kaum zu vernehmen, doch alle Köpfe gehen synchron in Richtung Flur. Das Klackern von Hundekrallen, die viel zu lang sind, weil sie nie durch das Laufen abgenutzt wurden. Der Holzfußboden gibt es deutlich wieder. Klack. Klack. S-t-i-l-l-e.

Klack. Klack. Klack. S-t-i-l-l-e. Klack. S-t-i-l-l-e. Klack. Klack. S-t-i-l-l-e. Klack. S-t-i-l-l-e.

Ich gehe rückwärts zur geöffneten Wohnzimmertür und schaue über meine Schulter in den Flur. Mein Gesicht hat sicher den Ausdruck einer Lottogewinnerin, als ich mich zu den beiden umdrehe und sage: »Sie ist in den Flur gekommen und sieht erwartungsvoll in unsere Richtung.«

Beate und Helmut blicken sich an. »Das hätt ich nicht gedacht«, sagt Helmut, und in seinem sonst so sachlichen Tonfall schwingt jetzt eine Mischung aus Unglaube und Freude mit. »Ich auch nicht«, pflichtet Beate ihm flüsternd bei.

Ich gehe zwei Schritte in Richtung Flur und hocke mich hin: »Guten Morgen, mein Mädchen. Du bist ja unglaublich«, sage ich freundlich und anerkennend.

Die Hündin sieht mich aufmerksam an und übt einen schüchternen Schwanzwedler. Ihre Pupillen haben eine normale Größe angenommen und die Starre verloren, die in ihnen lag, als ich sie kennenlernte. Langsam kommt sie auf mich zu und setzt sich neben mich. Mit der Außenfläche der Hand streiche ich sanft über die Seite ihres Brustkorbs. Weil sie es zulässt, intensiviere ich die Berührung und massiere mit meinen Fingerkuppen die Muskeln neben der Wirbelsäule. Sie sind knochenhart und sehr verspannt. Nach wenigen Minuten legt sich Luise hin und beginnt zu schmatzen.

»Ihr könntet jetzt herkommen«, lade ich Beate und Helmut ein, die, in den Türrahmen gelehnt, zusehen.

Luise hebt den Kopf, als sie die Bewegung der beiden wahrnimmt, legt ihn jedoch wieder ab, als sie sich, neben uns stehend, nicht mehr rühren. Weil Beate sich vermutlich nicht ohne weiteres bücken kann, bedeute ich Helmut mit einem Blick auf meine Hand, die Massage zu übernehmen.

Er versteht, hockt sich hin und gibt mit seinen Fingerkuppen einen leichten Druck links und rechts neben Luises Wirbelsäule. Dabei fährt er jene langsam auf und ab, und ich bin beeindruckt, wie genau er beobachtet hat und meine Vorgabe imitiert.

Luise hat sich auf die Seite gelegt, als plötzlich ein kleiner unmerklicher Ruck eine weitere Überraschung ankündigt. Sie drückt ihr oben liegendes Hinterbein etwas durch. Wartet. Rollt dann leicht herum. Wartet. Kippt das gestreckte Bein zur Seite. Und liegt nun so, dass ihr Bauch sich Helmut entgegenstreckt. Obwohl Helmut nach unten blickt, meine ich auch an ihm eine starke Regung zu sehen. Sein Atem stockt, und als er wieder einsetzt, ist er heftiger als zuvor.

»Ist das schön. Ich freue mich so«, sagt Beate. Ihr Gesicht scheint seltsam aufgerissen, und eine neue Emotion ist in ihm, die ich nicht deuten kann. Eine Mischung aus Rührung und starker Beunruhigung. Etwas, was nicht für mich in diesem Moment zusammenpasst.

»Man soll Entwicklungen nie aufhalten, wir könnten also heute auch auf die Straße hinausgehen«, schlage ich vor.

»Auf die Straße? Schon?«, Beate reagiert panisch.

»Aber ja, sie ist jetzt bereit dafür«, sage ich, »du kannst ihr jetzt die Welt zeigen.«

»Aber das wird für mich schwer im Rolli, ich weiß nicht, ob ich das schaffe.« Sie wirkt plötzlich so unsicher, dass auch Helmut sie erstaunt ansieht. »Ich helfe dir doch«, versucht er ihre Zweifel zu zerstreuen. Er steht auf und legt ihr kameradschaftlich die Hand auf die Schulter. Beate scheint es nicht wahrzunehmen. Ihr Blick ist nach unten auf die inzwischen sitzende Hündin gerichtet und hat einen angstvollen Ausdruck bekommen.

»Darf ich dich nach deiner Erkrankung fragen?«, spreche ich sie vorsichtig an. Ihr Blick fährt einmal von oben nach unten über mich hinweg, als müsse sie neu überprüfen, wer in ihrem Flur steht. Ihr mädchenhaftes Gesicht ist jetzt seltsam verkniffen, und ihre Lippen bilden einen dünnen Strich. Dennoch entschließt sie sich zu sprechen: »Ich hatte diesen schweren Schub, drei Monate bevor Luise zu uns kam. Davor konnte ich mich auch draußen ohne Rolli bewegen. Mal besser und mal schlechter, aber ich konnte laufen und mich bewegen. Ich hatte natürlich die Hoffnung, dass ich den Rolli nur vorübergehend brauche und irgendwann wieder eine Besserung eintritt …« Sie schweigt und blickt auf den Boden. »Ich habe immer daran geglaubt, dass ich wieder laufen kann. Ehrlich gesagt, ist es mir gerade eben erst klar geworden, dass das nicht passieren wird.«

»Gerade eben?«, frage ich erstaunt, während Helmut zeitgleich sagt: »Aber Beate, das war doch schon seit Langem klar, die Ärzte hatten es doch gesagt!?«

Beate wischt heftig mit der Hand durch die Luft. »Ja, ja. Aber was andere sagen, ist eine Sache, und was man selbst glaubt, eine andere. Vielleicht war ich auch so beschäftigt mit Luises Problem, dass ich mein eigenes Problem darüber vergessen habe.« Sie verstummt abrupt und lauscht ihrem letzten Satz scheinbar überrascht hinterher. Einen Moment herrscht Schweigen.

»Ich wollte Luise immer helfen, aber jetzt habe ich plötzlich Angst, dass sie vielleicht mehr will, als ich ihr geben kann.« Beate ist blass, und ihre Halsschlagader pulsiert. Helmut reibt sich mit den Fingerkuppen der rechten Hand am Hinterkopf, als wolle er mit dieser Massage seine Gedanken ankurbeln. Es ist deutlich zu sehen, dass ihn dieser Gefühlsumschwung seiner Frau hilflos macht. »Aber wieso denn Angst? Ich verstehe das nicht.« Fast befremdet sieht er sie an.

»Was genau macht dir denn Angst?«, frage ich Beate freundlich. Sie senkt den Kopf und denkt nach. »Ich weiß nicht«, tastet sie sich vor. »Immer habe ich mir vorgestellt, wie schön es wäre, wenn Luise ein unbeschwerter Hund sein könnte. Keine Ahnung warum, aber jetzt ist es für mich fast beunruhigend, mir vorzustellen, dass sie Spaß daran hätte, draußen herumzulaufen und andere Hunde kennenzulernen.« Sie hat die Augen weit aufgerissen bei dieser Vorstellung.

»Ich helfe doch«, wirft Helmut wieder ratlos ein.

»Aber du bist doch auf Arbeit, und dann muss ich allein mit ihr raus«, entgegnet Beate sofort abwehrend und schweigt.

»Was wäre denn, wenn du durch Luise aber einfach herausfindest, was du trotz des Rollis alles noch kannst?«, frage ich in die Stille. Beate wirft mir einen Blick zu, der Überraschung ausdrückt. Sie schweigt jedoch weiter und scheint darüber nachzudenken.

»Lass es uns doch einfach versuchen«, schlage ich vor. Beate gibt einen kleinen Stoßseufzer von sich, der auf eine innere Bewegung hindeutet.

»Und wie wollen wir jetzt mit Luise vorgehen?«, fragt Helmut, offenbar, um Fahrt in die Sache zu bringen.

»Ich würde vorschlagen, dass ihr im Team arbeitet. Luise braucht jemanden, der ihre innere Bewegung spürt und einschätzt. Das könntest du tun, Beate. Und du, Helmut, könntest dich von deiner Frau lenken lassen und für die äußere Bewegung sorgen. Ich würde zuerst einmal Beates Aufgabe übernehmen und zeigen, was ich meine.«

Helmut hebt ergeben die Schultern, um anzudeuten, dass er schon lange bereit ist.

Doch Luise ist jetzt verschwunden.

Mit halboffenem Mund drehe ich mich suchend nach ihr um.

»Wo ist sie denn?«, frage ich ratlos.

»Hier«, flüstert Beate und sieht von der Position, an der sie an die Wand gelehnt steht, nach vorn. »Ich sehe sie. Sie liegt in der Küche. Das ist noch nie passiert.«

Bei meinem Eintritt springt die Hündin weder auf noch

wird sie ängstlich. »Luise, du bist ja eine Schnellstarterin«, sage ich überrascht. Die Hündin klopft ganz sacht mit der Schwanzspitze auf den Küchenboden. Ich befestige eine Leine an ihrem Geschirr und bitte Helmut seitlich neben mich.

»Du, Beate, könntest schon vor die Wohnungstür gehen, deinen Rolli klarmachen und auf der Straße warten, dann haben wir nicht so viel Bewegung, wenn wir starten. Auch die Haustür zur Straße könntest du schon für uns offen halten.«

Nachdem Beate die Wohnung verlassen hat und ein paar Minuten vergangen sind, bitte ich Helmut, Luises Leine zu nehmen und einfach loszulaufen, wenn ich es sage. Ich gehe ein Stück voraus, öffne Helmut die Wohnungstür und rufe: »Jetzt.« Helmut kommt mit Luise aus der Küche. »Und nun in den Laufschritt beschleunigen und ohne Stopp hinaus auf die Straße«, feuere ich ihn an. Er trabt prompt los, und ich folge den beiden vor die Haustür.

Beate sitzt in ihrem Rolli auf dem Bürgersteig und blickt uns erwartungsvoll entgegen. »Du könntest Helmut immer wieder hineinschicken, sobald Luise zu starke Angst bekommt. Die Angst darf sie nie überwältigen«, rufe ich ihr zu. »So wie jetzt«, sage ich und zeige nach unten, denn Luise hat begonnen, panisch um sich zu blicken, als drei Kinder uns auf dem Bürgersteig entgegenkommen.

»Geh wieder rein!«, ruft Beate ihrem Mann zu. Er folgt ihrer Anweisung sofort, und ich begleite ihn. »Jetzt stell dich einfach schützend vor Luise. So kann sie die Kinder zwar vom Hausflur aus wahrnehmen, muss dabei aber weder fliehen noch handeln. Sie soll ganz auf deinem Schutz vertrauen.« Helmut stellt sich breitbeinig vor Luise hin, und diese holt Erkundigungen über ihren unverhofften Retter ein, indem sie ihn von hinten an seinen Beinen beschnüffelt.

»Jetzt kannst du wieder auf die Straße laufen und joggend eine kleine Runde mit Luise drehen«, sage ich, als die Kinder vorbei sind. Helmut startet einen unerwartet schnellen Spurt, und Luise folgt ihm mit überraschend leichtem Schritt. Je mehr Helmut Tempo macht, umso höher geht Luises Schwanz nach oben.

»Ich habe vergessen, ihm mitzuteilen, wie weit er laufen soll«, sage ich zu Beate, die den beiden sich entfernenden Gestalten mit fragendem Blick folgt. Helmut jedoch wendet nach ungefähr 300 Metern selbständig und kommt zurück. Ungefähr fünfzig Meter von uns entfernt zieht Luise plötzlich zur Seite und bleibt stehen.

Helmut will sie weiter mitziehen, da ruft Beate schon schneller, als ich reagieren kann: »Warte. Ich glaube, sie muss mal.«

Helmut bleibt wie angewurzelt stehen, und tatsächlich senkt Luise ihren Hundepopo und macht ein Pfützchen.

»Das gibt es nicht. Premiere!«, ruft Beate und fasst aufgeregt an meinen Unterarm. Helmut weist mit der ausgestreckten Hand auf die hockende Hündin wie auf ein spektakuläres Ausstellungsobjekt.

Während wir andächtig diesen Akt verfolgen, biegt ein großer, frei laufender brauner Hund um die Ecke. »Du musst Luise decken!«, ruft Beate wie eine engagierte Fußballtrainerin und beugt sich zur Motivation dabei weit nach vorn aus dem Rolli.

Helmut positioniert sich, kneift dann die Augen zusammen und sagt: »Das ist aber doch nur der Bruno aus dem Nachbarhaus.«

»Nachbar hin oder her, das ist Luise egal.« Beate bleibt bei ihrer Taktik.

Ich stehe schmunzelnd daneben und finde großes Gefallen an diesem tollen Team.

»Ist es gut?«, fragt Beate mit einem Seitenblick zu mir. Ich halte kommentarlos den Daumen nach oben. In diesem Moment biegt das zu dem Hund gehörige rundliche Herrchen um die Ecke und hebt grüßend die Hand, als es das Ehepaar sieht. Während die Nachbarn ein paar Worte wechseln, hätten sie fast etwas Wunderbares verpasst: Luise geht plötzlich um Helmuts Beine herum nach vorn und wedelt den braunen Hundeherrn schüchtern mit ihrem Schwanz an. Dieser senkt freundlich den Kopf und schnüffelt an Luises Ohren. Das Schwanzwedeln verstärkt sich.

»Dürfen wir Sie kurz in unser Training einbauen?«, frage ich den freundlichen Nachbarn. »Es wäre sehr wichtig für Luise.«

»Aber gern.« Der Mann scheint geradezu erfreut, helfen zu können.

»Dann gehen wir noch ein Stück und nutzen den tollen Therapeuten«, schlage ich vor und zeige auf den Braunen. »Ich will etwas ausprobieren. Beate, nimmst du jetzt Luise?«

Die Frau sieht überrascht auf. »Okay. ...« Sie zögert.

»Und Sie könnten so freundlich sein und mit Ihrem Hund neben dem Rolli laufen«, bitte ich den Nachbarn.

Beate greift nach der Leine wie nach einer brennenden Zündschnur. »Und wenn ich sie nicht halten kann?«, fragt sie ängstlich.

»Dann helfen wir. Du wirst sie aber halten können«, sage ich. »Seit wann haben Sie denn einen Hund?«, fragt der Herr Beate, als wir losgehen.

»Schon länger, aber sie war bis gestern so verstört, dass wir mit ihr nicht hinauskonnten«, erklärt Beate verlegen.

»Bis gestern?« Der Nachbar sieht verwundert auf Luise, die schwanzwedelnd neben seinem Hund läuft und diesem die Lefzen leckt. Der große Braune lässt es sich gutmütig gefallen.

In diesem Moment kommen uns die drei Kinder von eben aus der entgegengesetzten Richtung wieder entgegen. Luise duckt sich panisch zusammen und will fliehen.

»Gib Gas, Beate, los«, rufe ich, einem Instinkt folgend.

Beate reagiert automatisch auf den zackigen Zuruf und legt an Tempo zu. Der Nachbar, Helmut und ich müssen bereits traben.

»Geht noch was?«, frage ich sie. Mit bleichem Gesicht nickt Beate und erhöht das Tempo.

Hinter ihrem Rücken bedeute ich Helmut und dem Nachbarn, mit mir gemeinsam zu stoppen. Während wir stehen bleiben, halte ich beschwörend den Finger vor den Mund. Beate bedient mit der einen Hand ihren Rolli und hält mit der anderen Luise, die im schnellen Trab neben ihr läuft. Ihr Schwanz ist bei diesem Tempo nicht abgesenkt, sondern in der Waagerechten. Sie sind nun unmittelbar vor den Kindern angekommen.

Es ist auch aus der Distanz zu sehen, dass Beate die Leine noch fester greift. Ein Kind ruft: »Wie lustig, der Hund rennt.« Dann ist Beate mit Luise unbeschadet vorbei. Auch hier musste sich die Hündin wieder so auf das Laufen konzentrieren, dass sie weniger Gelegenheit hatte, Angst zu empfinden. Auch kann ein Hund durch Bewegung Körperdruck abbauen, der durch die Anspannung entsteht. Nach ein paar Metern hält Beate an und dreht sich um. Als sie sieht, dass sie ganz allein ist und wir viele Meter zurückgefallen sind, lacht sie erstaunt.

Ein paar Wochen später ruft mich Beate an und sagt: »Weißt du was, ich komme mir vor wie eine Schatzsucherin. Erst konnte ich die Schätze von Luise entdecken, die jetzt schon wunderbar neben meinem Rollstuhl läuft und sehr verschmust geworden ist. Und dann habe ich auch noch einen Schatz in mir selbst gefunden. Ich kann mich zwar körperlich nicht mehr so gut bewegen, aber dafür habe ich entdeckt, dass ich es innerlich umso besser kann.«

# Das Kleid

*Auch in dieser Geschichte birgt ein Hund ein Geschenk für einen Menschen. Obwohl es hier weder um Hundetraining noch um Therapie geht, trage ich die Erinnerung daran so gern im Herzen, dass ich ihr den letzten Platz in diesem Buch schenken möchte.*

Die alte Frau trägt ein grünes Kleid. Es hat einen Spitzeneinsatz und verschiedene Glanzeffekte. Der Anlass, weswegen sie das Kleid vor langer Zeit einmal erworben hat, könnte ein Ball gewesen sein oder ein Opernbesuch. Im Herbst kommt eine dunkelgrüne Strickjacke dazu. Diese hat Haarzotteln wie ein Schlittenhund und bedeckt das Kleid bis über die Hüften. Im Winter verschwindet das Kleid unter einem weinroten Anorak mit ausgeblichenen Stellen und breiten Schmutzrändern.

Jetzt ist die beste Zeit für das Kleid. Wir haben Sommer, und es erstrahlt unbedeckt in altem Glanz. Die alte Frau sitzt auf dem Arnimplatz im Prenzlauer Berg. Inmitten von Kinderspielplätzen, Säuferinseln und einem Ballspiel-Gehege. Auf einer Parkbank. Nach vorn gebeugt, den rechten Ellenbogen auf das Knie gestützt, eine Zigarette in der Hand. Die Frau raucht immer. Die Zigarette scheint mit ihr verwachsen. »Bhhhhhhhhh«, saugt sie den Rauch ein wie eine Ertrinkende die Luft. Dann hält sie ihn für einen Moment zurück, als könne sie die scheinbare Erfüllung in sich behalten. Kurz darauf jedoch fährt der Rauch wieder aus ihr heraus – durch Mund und Nase. In langen Stößen löst er sich auf und verschwindet. In ihrem Schoß liegt Zigarettenasche. Auf dem Kleid sind Brandflecken zu sehen.

Morgens um 6.30 Uhr, wenn ich mit Viktor auf die Straße gehe, treffe ich sie das erste Mal. Sie steht vor dem türkischen Bäcker, der kurz darauf öffnen wird, und wartet. Nähere ich mich, senkt sie den Kopf und starrt auf das Straßenpflaster. »Guten Morgen«, grüße ich sie seit einem Jahr. Wie jedes Mal schaut sie hoch und strahlt, als hätte ich mit diesem Gruß einen Lichtschalter in ihr betätigt. Gleich darauf sieht sie nach unten, und das Licht geht wieder aus. Es ist unmöglich, ihren Blick festzuhalten.

Morgens kauft sie eine Schrippe, die ihr der türkische Bäcker unaufgefordert reicht, und geht zurück auf den Arnimplatz. Gegen 13 Uhr treffe ich sie vor einem türkischen Imbiss, in den sie hineingeht und aus dem sie mit einem belegten Brötchen wieder herauskommt. Am Nachmittag ist ihr Stammlokal ein kleiner Lebensmittelladen, in dem sie eine Tafel Schokolade kauft.

Eines Tages ändere ich mein Verhalten und gehe an ihr vorbei, ohne zu grüßen. Nach ein paar Metern höre ich ihre Stimme: »Ach, ist der süß. Er hat ja nur ein weißes Pfötchen.« Ich drehe mich um und sehe, dass sie auf Viktor zeigt. »Sie haben ein schönes Kleid«, sage ich. Sie schaut erschrocken an sich herunter und streicht mit beiden Händen über den Stoff. Danach wendet sie sich ab, als hätte ich ein sehr intimes Thema berührt.

»Sagen Sie, wo schlafen Sie eigentlich?«, frage ich sie später am Abend auf ihrer Parkbank. Es ist ihr sichtlich unangenehm, dass ich sie so direkt anspreche und eine Antwort erwarte. Sie wendet den Kopf verlegen von links nach rechts, entschließt sich dann aber doch zu antworten.

»In meiner Wohnung.« Sie deutet mit der Zigarette in eine unbestimmte Richtung. »Ich gehe nur zum Schlafen heim, seit mein Mann tot ist. Was soll ich dort? Da bin ich nur allein.« Sie riecht nach längerem Ungewaschensein, und beim näheren Hinschauen sehe ich, das sich das grüne Kleid an vielen Stellen aufzulösen beginnt.

»Hier an der Ecke ist ein Seniorentreff, die organisieren viele Veranstaltungen. Dort könnten Sie andere Menschen treffen und vielleicht neue Freundschaften schließen.«

»Nein, nein.« Sie winkt fast angewidert ab und beugt sich, in Deckung gehend, nach vorn. Viktor, der sich nun auf Augenhöhe mit ihr befindet, fasst dies als Kontaktsuche auf und geht schwanzwedelnd auf sie zu. »Na, du Hund?«, sagt sie verlegen. Viktor leckt eine ihrer Waden ab. Gründlich.

»Du magst mich ja«, sagt sie erstaunt und streichelt seinen weichen Fellrücken. Viktor legt die Vorderpfoten auf ihren Schoß und hält den Kopf schief. Die alte Frau strahlt, und diesmal bleibt das Licht in ihr an, bis wir uns entfernen.

Einige Tage darauf beginnt sie Leckerlis zu präsentieren, sobald wir uns nähern. Viktor lernt diese Futterquelle schnell zu schätzen, und ich lasse ihn gewähren, um die Kontaktversuche der alten Frau nicht zu stören. Sie streichelt ihn und flüstert Zärtlichkeiten, die mich offenbar nichts anzugehen haben. Ich halte mich diskret zurück.

Dann verschwindet die alte Frau. Ihr Anblick ist derart Teil meines Lebens geworden, dass ihr Fehlen mich sehr beunruhigt. Ist ihr etwas zugestoßen? Liegt sie hilflos in ihrer Wohnung? Ich weiß nicht einmal, wie sie heißt. Ich halte sechs Tage Ausschau nach dem grünen Kleid und hätte sie daher fast nicht erkannt, als sie wieder auftaucht. Das grüne Kleid ist verschwunden. Sie trägt nun ein einfaches blaues Kleid mit kleinen gelben Blumen. Ihre rechte Hand, in der sie sonst die Zigarette hält, umfasst eine Hundeleine. An deren Ende tippelt ein winziges Hündchen von brauner Farbe. Es sieht in regelmäßigen Abständen zu ihr auf, und auch sie hat ihren Blick auf das Hündchen gerichtet. Sie bemerkt uns erst, als wir aufeinandertreffen.

»Sie haben ja einen Hund? Ich habe mir schon Sorgen gemacht, weil ich Sie so lange nicht mehr gesehen habe. Wo waren Sie denn?«, sprudelt es aus mir heraus.

»Ja, das ist mein Benno. Den habe ich aus dem Tierheim. Er ist umgerechnet genauso alt wie ich«, sagt sie mit unüberhörbarem Stolz in der Stimme.

»Aber warum habe ich Sie denn gar nicht mehr getroffen in der letzten Woche?«

Sie blickt mich nachsichtig an: »Aber jetzt bin ich doch nicht mehr allein. Da kann ich doch auch gemütlich zu Hause bleiben.«

# Kleine Menschen- und Hundekunde

## Ein paar Worte vorab

Ich verfasse nur ungern Tipps, die das Missverständnis, es gäbe eine Betriebsanleitung für Lebewesen, noch größer werden lassen könnten. Ich beschreibe Hunde, Menschen und Lebenssituationen rein individuell, und ich kenne keinen »Fall« in meiner praktischen Arbeit, bei dem ich schablonenhaft dieselbe Vorgehensweise verwendet hätte wie in einem anderen »Fall«. Mein Verhalten ergibt sich stets aus der jeweiligen Situation, und ich gehe so vor, dass ich mich nach dem richte, was das jeweilige Wesen zeigt und braucht. Dasselbe kann auch jeder Hundehalter tun: hinsehen und spüren.

Dazu gehört vorab die Bereitschaft, das eigene Repertoire zu erweitern und von der Idee Abstand zu nehmen, es sei der Hund, der sich verändern müsse. Ein Hund wird immer ein Hund bleiben, egal welches Kunststück er gerade ausführt.

Es ist an der Zeit, von unserem hohen Ross zu steigen, auf das wir uns in der Annahme geschwungen haben, wir wären (anderen) Tieren deshalb überlegen, weil wir denken können, und wir dürften sie aus diesem Grunde auch herumkommandieren, durch Bestechung überlisten oder ihre Natur außer Acht lassen. Von diesem hohen Ross aus ist es schwierig bis unmöglich, ein Tier zu lenken, das sich auf vier Pfoten, mit einem hervorragenden Instinkt und Sinnen, die den unseren haushoch überlegen sind, auf dem Boden bewegt.

Ein Hund, der sich dem Druck und/oder der Bestechung erfolgreich verweigert, kann für einen Menschen eine große Chance sein. Durch ihn kann sich der Mensch etwas Kostbares zurückerobern: den eigenen Instinkt.

Solange wir weiter fast ausschließlich darüber *nachdenken,* wie man mit Hunden umgehen sollte, werden wir uns immer weiter in einem Kreis aus Methoden und Techniken bewegen, die nicht im richtigen Maß angewandt werden können, weil ihr wichtigster Bestandteil fehlt: der Instinkt für das Wesen, auf das diese Methoden angewandt werden sollen.

Viele Menschen, denen ich bei der gemeinsamen Arbeit mit ihrem Hund sehr einfache Dinge gezeigt habe, äußerten sich im Nachhinein häufig in dieser Art: »Ganz am Anfang, als ich den Hund bekam, habe ich auch so gefühlt, aber ich wurde davon verunsichert, dass die allgemein empfohlenen Methoden ganz anders sind. Später war ich noch verwirrter, weil die Methoden sich zum Teil völlig widersprachen, und ich nicht mehr wusste, was richtig und was falsch war.«

Interessanterweise haben Menschen, denen die Zeit fehlt, sich um Methoden zu kümmern, weil sie – wie zum Beispiel »meine« russischen Bauern in Lipowka und viele andere Bauern weltweit – vollauf damit beschäftigt sind, ihr Überleben zu sichern, nur sehr selten Probleme mit ihren

Hunden. (Ich meine damit nicht die Hunde, die an der Kette oder im Zwinger leben müssen, sondern Hunde, die am bäuerlichen Leben teilhaben.) Ich habe viele Bauern und auch Schäfer erlebt, die rein instinktiv mit ihrem Hund umgehen und genau die Beziehung zu ihm haben, die andere Menschen mühevoll und über einen Zeitraum von vielen Jahren hinweg anstreben und nicht immer erreichen.

Wie aber findet man zurück zu seinem eigenen Instinkt, wenn man mitunter gar nicht mehr weiß, wie es sich anfühlt, instinktiv zu sein?

Man könnte damit beginnen, für sich selbst neue Wertigkeiten zu schaffen. Erst wenn Sie Ihren Verstand nicht mehr als den Herrscher der Welt betrachten, sondern nur als *ein* Instrument, die Welt zu erkennen und mit ihr umzugehen, können Sie auch wieder Ihre Instinkte entdecken und ihnen nachspüren.

Der andere, vielleicht noch wichtigere Aspekt ist, dass wir zwar häufig unser instinktives Wissen spüren, ihm aber misstrauen und es sofort mit unserem Verstand auf seine Berechtigung hin überprüfen. Genauso wie wir ohne Nachzudenken davon ausgehen, dass die Anziehungskräfte eines Magneten diesen am Kühlschrank haften lassen (obwohl wir sein Magnetfeld weder sehen, noch unter dem Mikroskop nachweisen könnten), dürfen wir auch unseren nicht nachweisbaren Instinkten vertrauen. Sie sind einfach da, und sie sichern unser Überleben. Kein Tier sucht für seine Instinkte irgendeine Erklärung oder Berechtigung. Nur wir menschlichen Tiere.

Zu meinen Lesungen können immer drei bis vier Hunde mitgebracht werden, die sich in dieser Situation auch wohlfühlen. Ich zeige mit ihnen im Anschluss in einer Hunde-Liveshow, wie man genauso spontan mit einem Hund kommunizieren kann wie mit einem Verkäufer in einem Laden. Mir ist dabei besonders wichtig, dass ich die Hunde vorher noch nicht kennengelernt habe, damit völlig ausgeschlossen werden kann, dass ich mit ihnen etwas eingeübt habe. Das »Wunder«, das Kommunikation auch artübergreifend stattfinden kann, würde sonst nicht fühlbar werden. Während diese Dialoge auf die Anwesenden häufig wie Zauberei wirken, gab mir ein Zuschauer einmal durch seine Skepsis die Gelegenheit herauszustellen, worum es eigentlich geht. Er warf ein, dass mein Warnlaut »Ssst« sicher vorher vom Hundehalter eingeübt worden sei oder der Hund durch mich spätestens nach zwei, drei Malen darauf konditioniert wäre. Deshalb schlug ich vor, das Ganze einfach mit Lauten zu machen, die im Umgang mit dem Hund sicher noch nie verwendet wurden. Spontan fielen mir die Wörter »Raumschiff« und »Semmel« ein.

Eine Frau brachte mir einen Kurzhaar-Foxterrier nach vorn. Ich gab ihm ein Stück wunderbar duftende Hirschwurst, die er begeistert hinunterschlang. Dann nahmen mich seine Knopfaugen ins Visier, um ja nicht den Nachschub zu verpassen. Diesen warf ich in Form eines weiteren Stückes neben ihn auf den Boden und sagte in einem warnenden tiefen Ton »Raaaumschiff!« Der Hund schoss instinktiv nach vorn, als die Wurst meine Hand verließ, hielt jedoch inne, als er den warnenden Laut hörte.

Danach warf ich ein neues Stück Wurst und begleitete dessen Flug mit einem fröhlich und hell ausgesprochenen »Semmelll«. Dankbar und vor allem sehr schnell schnappte sich der Foxterrier die Wurst. In unregelmäßigen Wechseln wiederholte ich mehrfach die Warnung und die Einladung. Der Foxterrier reagierte immer richtig. Als der Mann, für den ich dieses Experiment erfunden hatte, noch immer ratlos blickte, schlug ich ihm vor, eigene Wörter oder Laute vorzugeben. Einen weiteren Hund, einen Zwergspitz, warnte ich dann entsprechend mit dem Wort »Schuhsohle«, mit dem Wort »Fernsehen« lud ich ihn ein. Die Kunst bestand für mich einzig und allein darin, diese Wörter mit einer warnenden oder einladend freundlichen Energie zu füllen und darauf zu achten, ob der Zwergspitz ihnen jeweils folgte. Ganz am Anfang versuchte er zweimal sein Glück und wollte sich die Wurst schnappen, nachdem ich ihn bereits gewarnt hatte. Offenbar hatte er nach einer Warnung noch nie eine Konsequenz von (s)einem Menschen erfahren, denn als ich schnell meinen Fuß vor das Wurststück stellte und seinen Vorwärtsgang blockierte, blickte er mich überrascht an. Als ich den Fuß zurückzog, schnellte er nochmals nach vorn, und ich empfing ihn wieder, indem ich einen Schritt auf ihn zumachte, in den er fast hineinsprang. Danach gab er auf und hielt sich sowohl an die Warnungen als auch an die Einladungen.

Nun war die Fantasie der anderen Anwesenden erwacht, und das Ganze wurde zu einer Art Improvisationstheater. Mir wurden Wörter und Laute zugerufen, die ich verwenden sollte. Das war nicht immer einfach, weil die meisten

Wörter, die ich zum Warnen zur Auswahl bekam, nicht allein durch ihre Bedeutung die passende Energie in mir auslösten wie zum Beispiel »Sahneschnitte«. Es brauchte meine jahrelange Erfahrung und Übung, um dennoch in eine abwehrende, warnende Energie zu finden.

Dann äußerte sich eine weitere Frau zu dem Geschehen: »Aber das liegt doch einfach daran, dass der Hund den hohen oder tiefen Tonfall erkennt.« (Da ich mich wie eine Dolmetscherin immer zwischen zwei Arten, dem Hund und dem Menschen, bewege, muss ich auch ständig zwischen ihren völlig unterschiedlichen Herangehensweisen wechseln. Während es die Hunde bisher noch nie interessiert hatte, *warum* sie verstehen, dass ich manchmal ein Stück Wurst erlaube und manchmal nicht, ist genau dieses »Warum« für Menschen die entscheidende Frage.) So gab ich eine weitere Demonstration. Ich sprach im selben hohen oder tiefen *Tonfall*, unter Verwendung der bereits gebrauchten Wörter, Tabus und Einladungen aus, ließ aber die dynamisch warnende oder weiche einladende Energie dabei weg. (Stellen Sie sich vor, Sie sind sehr müde und energielos und sagen in tiefem Ton »Butterbrot« und dann lasch in höherem Ton »Knallerbse«. Dann haben Sie den beschriebenen Effekt.) Der Zwergspitz blickte mich für einen kurzen Moment überrascht an, weil er meine Präsenz vermisste, witterte dann seine Chance und schnappte sich alle Wurststücke, die ich warf. Ich wiederholte die energielose Variante der Übung mit »Sch« und »Okay«. Dieselbe Wirkung. Der Hund fraß alles. Natürlich korrigierte ich ihn nicht, weil es ja meine Schuld war, dass meine Intentionen nicht klar und deutlich bei ihm ankamen.

Es geht also weder um den Laut, das Geräusch oder Wort, mit dem Sie dem Hund ein jeweiliges Tabu aussprechen oder ihn einladen noch um den Tonfall allein, sondern vor allem darum, dass sie mit der richtigen Energie angefüllt sind.

Erwachsene souveräne Hunde verwenden häufig nicht einmal mehr Laute oder körperliche Gesten, sondern verständigen sich hauptsächlich mental, weswegen es auch häufig so schwierig für uns ist, ihre Feinheiten wahrzunehmen oder diese selbst zu kommunizieren.

Neben einer wirkungsvollen Energie geht es weiterhin um angemessene Handlungen, wenn z. B. ein Hund ein Stoppsignal missachtet. Auch dabei spürt das andere Wesen, ob Sie rein mechanisch agieren oder mit einem passenden Ausdruck, den Ihnen Ihre Emotion verleiht. Unpassend bei Korrekturen sind Ungeduld, Hysterie, Ängstlichkeit, Anspannung, Ärgerlichkeit, angemessen jedoch deutliche Präsenz, Ruhe und Friedfertigkeit. Sie wollen ja keinen Kampf oder Krieg, und Sie haben auch nichts gegen den Hund, Sie wollen nur gerade sein Verhalten unterbrechen.

## Wer bin ich, wer ist mein Hund?

Wir Menschen tun inzwischen so viele Dinge und müssen so viele Fähigkeiten *entwickeln*, um zu überleben, dass es fast unmöglich scheint wahrzunehmen, welche besondere individuelle Fähigkeit wir *haben*. Viele Menschen zweifeln inzwischen schon daran, dass sie überhaupt eine persönliche Fähigkeit besitzen. Durch unsere Lebensform ist es häufig gar nicht mehr möglich, sie zu entdecken. Junge Menschen müssen sich schon bei der Berufswahl dem Bedarf an Arbeitskräften anpassen. Die Industrie hat die meisten Handwerke übernommen, viele Menschen arbeiten in Berufen, in denen es weniger um Kompetenz und mehr darum geht, seine Mitmenschen zu beeindrucken. Andere arbeiten in Berufen, die gar keinen echten Bedarf an benötigten Dingen mehr decken, sondern diesen erst erzeugen sollen, um etwas an sich Unnötiges zu verkaufen. Das Zuviel um uns herum erzeugt ein Zuwenig in uns.

Die eigenen Kräfte zu entdecken hat viel damit zu tun, die eigenen Fähigkeiten zu kennen. Das Privileg, genau das zu tun, was uns entspricht, und dafür Anerkennung zu bekommen, ist leider nur noch wenigen Menschen vorbehalten.

Trotz anderer gegenteiliger Beispiele kenne ich weitaus mehr Menschen, die jeden Tag einer Arbeit nachgehen, zu der sie sich überwinden müssen, und die von ihnen Fähigkeiten erfordert, die nicht ihrer Natur entsprechen. Um jeden Tag Dinge zu tun, für die man keine natürliche Kompetenz besitzt und die an den eigenen Kompetenzen und Bedürfnissen vorbeigehen, braucht es häufig einen inneren und äußeren Schutz. Viele Menschen legen sich instinktiv eine gewisse Gefühllosigkeit zu, weil sie das Leben gegen ihre eigene Natur sonst nicht aushalten könnten. Wie aber soll man eine besondere Fähigkeit an sich entdecken, wenn man sich nicht mehr spüren kann? Und wie soll man der Natur eines fremden Wesens wie dem Hund nachspüren, wenn man sich von der eigenen Natur schon so weit entfernt hat?

Während wir davon ausgehen, dass sich die Bedürfnisse eines Hundes auf Nahrung, Spiel, Spaziergänge und die ihm entgegengebrachte Liebe beschränken, befindet sich der Hund neben uns häufig in genau derselben Situation wie wir selbst. Er trägt von Geburt an eine individuelle Fähigkeit in sich, die Gruppe, in der er lebt, zu ergänzen und zu stärken. Durch das Herausgerissensein aus diesen natürlichen Verbünden, verschwinden viele unserer Haushunde mit ihren Fähigkeiten und Kompetenzen hinter Störungen, die sie wie Masken vor sich hertragen. So werden Hunde, die zwar keine Entscheidungsträger in einem Rudel wären, aber die Fähigkeit zu handlungsfähigen Verteidigungs- und Wachposten haben, neben uns zu Dauerkläffern, Angstbeißern und Wesen mit keinem oder übersteigertem Selbstbewusstsein, weil sie auf das verzichten müssen, was ihnen in einem Rudel Schutz und Geborgenheit gibt: eine Führung durch einen Leithund.

## Leithunde

Leithunde besitzen in vollendeter, positiver Form, was in der Hundeerziehung lange als negative Eigenschaft angesehen wurde: *Dominanz.* Dabei gibt es Leithunde, die die Kompetenz besitzen, das Rudel nach vorn zu schützen, sowie Leithunde, die die Gruppe nach hinten absichern. Und es gibt die Sozialkompetenz in Hundeperson – den Leithund, der alle »innerbetrieblichen« Angelegenheiten einer Hundegruppe regelt und mit dem der vordere und der hintere Leithund (falls in der Gruppe vorhanden) Entscheidungen abstimmen.[3] Der Leithund meines russischen Rudels, Wanja, war ein solcher sozialkompetenter Leithund, der die mittlere Position einnahm, wenn sich die Gruppe draußen bewegte. An der Spitze lief als vorderer Leithund stets Anton, der sich über alles, was sich von vorn näherte, mit Wanja »absprach«. Genauso verhielt es sich mit dem hinteren Leithund, in diesem Rudel Alma. Wenn sie nicht in ihrer Natur gestört werden, besitzen Leithunde eine kraftvolle Präsenz und Souveränität, die auch für einen Menschen sofort wahrnehmbar ist. Diese Hunde umgibt eine Aura der Kompetenz, die bei den meisten Menschen ein Gefühl von Respekt auslöst. Leider lösen Leithunde bei einigen auch Verärgerung aus, weil sie sich nicht so unterordnen können, wie es der gängigen Vorstellung von Hundeerziehung und von der Partnerschaft mit einem Hund entspricht. (Siehe die vorangegangenen Geschichten »Eingeschneit« und »Das Ende des Kampfes«.)

Ich habe in meinen früheren Büchern geschrieben, dass ich bisher nur wenige Leithunde kennengelernt hätte – und durfte diese Aussage im vorigen Jahr revidieren. Viele Leit-

3 Barbara Ertl/Silke W. Wichers: Der Verständigungsschlüssel zum Hund: Die vererbten Rudelstellungen der Hunde nach Philipp, Josef und Karl Werner (1810–1977). Ein anderer Blick auf die Sozialstruktur von Hunden, Hamburg 2013

hunde habe ich nur deshalb nicht als solche erkannt, weil ich mir darunter immer einen Leithund wie meinen urwüchsigen russischen Leithund Wanja vorstellte, und dementsprechend nur die wenigen Hunde, die ihm im Wesen ähnelten, als Leithunde einordnete. Dass es viel mehr Leithunde gibt, die ihre ursprünglichen Fähigkeiten nur anders zeigen, weil sie in ihrer Natur gestört wurden, verstand ich erst nach und nach durch die Arbeit mit ihnen. Die Hunde, die mit uns leben, haben sich häufig so gut angepasst, dass ihre wahre Identität mitunter nur noch schwer zu erkennen ist. (Das trifft genauso auf die im Rudel vorhandenen Wächter und Flurposten zu.)

Inzwischen kann ich diesen Hunden häufiger hinter die Masken schauen, die sie – genau wie wir selbst – aus Notwehr aufgesetzt haben. Ein bissiger, aggressiver Hund, dem bereits viel Leid zugefügt wurde, damit er sich unterwirft, stellt sich nicht selten als Leithund heraus, der einfach begonnen hat, sich gegen seine Behandlung zu verwahren. Hinter einem abgestumpften, lethargischen Hund kommt oft ein Leithund zum Vorschein, der bereits aufgegeben und seine Persönlichkeit wie einen Mantel irgendwo abgegeben hat, weil sie nie wertgeschätzt und wahrgenommen wurde.

Am häufigsten jedoch treffe ich auf Leithunde, die sich als eilfertige »Dienstboten« tarnen und ihrem Menschen durch eine schier unglaubliche Kooperation das Gefühl geben, dass er es sei, der führe. Damit entgehen sie unangemessenen Disziplinierungen und kommen höchst effizient durchs Leben. Ihr »wahres Gesicht« zeigen sie nur, wenn es um Dinge geht, die ihnen wirklich wichtig sind. In diesen Fällen endet urplötzlich die Kooperation, und die Hunde hören nur noch auf sich selbst. So ist ein mittlerer Leithund plötzlich nicht mehr ansprechbar, wenn er sich um andere Hunde kümmern will, ein vorderer Leithund ist nicht zu halten, wenn er auf Reiz von vorn zuläuft, ein hinterer Leithund gefriert zur Salzsäule und ist nicht mehr vom Fleck zu bewegen, wenn sich von hinten etwas für ihn schwer Einschätzbares nähert. Rein persönlich gehaltene Interessen wie Jagen, Rumstromern und Ähnliches gehören natürlich auch zu den Situationen, in denen die Dienstbotentarnung aufgegeben wird. Für den Menschen, der mit ihnen lebt, kann das sehr verunsichernd sein, da die Tiere ansonsten so ungemein verlässlich scheinen, und es auch sind. Halter von Leithunden beschreiben diese Momente, in denen sie sich seltsam vorgeführt fühlen, häufig als sehr frustrierend.

**Führung durch den Menschen**

Wie aber leitet man einen Leithund?, werden Sie sich nun vielleicht fragen.

Gegenfrage: Wie würden Sie eine(n) Bundeskanzler/in leiten?

Die Antwort lautet: gar nicht.

Mit einem Leithund können Sie »nur« kooperieren. Dazu müssen Sie Ihre eigene Präsenz und Führungskompetenz im Alltag nachweisen, ihm Wertschätzung für sein Handeln zuteilwerden lassen und ihn auf gelassene Weise bitten können, für Sie zu tun, was er anderweitig unterlassen würde, oder zu unterlassen, was er eigentlich tun will. Ein solcher Hund spürt sehr genau, wie wahrhaftig Sie mit ihm und anderen umgehen. Er nimmt wahr, ob Sie Kompetenz mit Schärfe oder unangemessenem Druck kompensieren, oder ob Sie tatsächlich in sich ruhen und sind, was Sie vorzugeben scheinen. Dabei beurteilt er Sie weder moralisch, noch wartet er auf einen Fehler. Es ist einfach ein Teil seiner Wahrnehmung, nicht mehr und nicht weniger. Aus der Arbeit mit Menschen, die mit einem Leithund leben, weiß ich, dass ein solcher Hund (wenn seine Natur nicht zerstört wurde) einen Menschen sofort neu annehmen kann, wenn dieser sein unangemessenes Verhalten ihm gegenüber beendet und um einen respektvolleren Umgang bemüht ist (siehe »Das Ende des Kampfes«). Es ist sehr ergreifend, bei einem solchen Prozess dabei zu sein. Ich habe schon viele dieser wunderbaren Veränderungen erlebt, bei denen Menschen, die aus ihrer Ohnmacht heraus sehr heftig reagiert hatten, das Prinzip der respektvollen Kooperation entdeckten, und der Hund, der sich bisher verweigerte, ihnen freudig entgegenkam.

Es verändert häufig etwas in uns Menschen, wenn wir nach einem Verhalten, für das wir uns selbst schämen, mit so viel Toleranz und Großzügigkeit beschenkt werden.

Die wohl bemerkenswerteste Fähigkeit der Leithunde ist ihre Fähigkeit zum rein mentalen, also inneren Austausch. Sie werden mit ihnen häufig erleben, dass sie Handlungen ausführen, die Sie weder angesagt noch gezeigt haben, aber gerade tun wollten. Wenn Sie zum Beispiel gerade darüber nachdenken, einen völlig anderen Weg zu nehmen als den, den Sie sonst laufen, und der Hund tut dies bereits im gleichen Moment, hat ein solcher Austausch stattgefunden.

## Präsenz

Jeder, der mit einem Hund lebt, der unter Druck zusammenbricht und/oder sich einem Dauerdruck verweigert, hat zwei Möglichkeiten. Entweder macht er damit weiter, bis von dem Hund nichts mehr übrig ist, oder er lernt, was er stattdessen von sich selbst einsetzen kann. Dazu muss man sich immer wieder vor Augen führen, dass ein Leithund – anders als der Mensch – weder durch Beziehungen an seine Position gekommen ist, noch sich »hochgearbeitet« hat. Er ist ein Leithund, weil er von Geburt an die natürliche Kompetenz besitzt zu führen. Obwohl es uns Menschen nie möglich sein wird, das Verhalten eines solchen Hundes tatsächlich zu imitieren, ist es aus meiner Erfahrung dennoch möglich, erfolgreich vom Rüstzeug dieser Hunde zu lernen und es in eine eigene, menschliche Anwendung zu übertragen. Nichts, was ich von Leithunden lernte, hätte ich von einem Menschen lernen können. Das hat einen simplen Grund: Leitende Menschen erzeugen Präsenz fast ausschließlich, indem sie nach außen massiver werden. Hunde erzeugen Präsenz in sich selbst.

Erinnern Sie sich noch an die Siegerpose des italienischen Fußballers Mario Balotelli nach seinem zweiten Tor zur Fußballeuropameisterschaft 2012? Als der sehr muskulöse Sportler sich das T-Shirt spontan über den Kopf gezogen hatte, winkelte er die Arme leicht an, spannte Oberarme, Nacken- und Halsmuskulatur an und verharrte dann in einer Art Bodybuilder-Pose, die auch bei unseren Vorfahren noch häufig zu sehen war, wenn sie einen Triumph feierten oder imponieren wollten. Diese Demonstration von Kraft, *nachdem* ein Sieg bereits errungen wurde, sagt viel darüber aus, woher wir stammen.

Hunde bauen sich dagegen nur *vor* einer möglichen Konfrontation auf, um Stärke und Souveränität zu demonstrieren. Ein vorderer Leithund zum Beispiel baut sich vor seiner Gruppe auf, wenn ein anderer Hund sich ihr nähert. »Diese Gruppe wird von mir geschützt, du darfst einen Respektbogen einlegen und weiterziehen«, so ließe sich diese Pose übersetzen. Sie allein reicht aus, um den anderen Hund zum Weitergehen zu bewegen und eine Konfrontation zu vermeiden.

Hunde, die einen Sieg oder einen Triumph wie zum Beispiel die Errungenschaft einer Beute feiern, um die sie einen Wettbewerb führten, trippeln häufig mit zurückgeworfenem Kopf, stolz geschwellter Brust und leicht wie ein Fähnchen umher und demonstrieren den Besitz der Beute. Sie strahlen dabei einfach Freude und Stolz aus, keinerlei Massivität. Durch den Umgang mit ihnen konnte ich lernen, wie man Präsenz erzeugt, ohne massiv zu werden. Präsent zu sein heißt ja eigentlich nur: da zu sein, vorhanden zu sein. Man kann mit Massivität nichts ersetzen, was *nicht* da ist.

In der menschlichen Welt, in der es leider oft angemessen ist, sich zu verstellen, geben Hunde uns die große Chance, uns wieder selbst zu entdecken und zu zeigen. Die Begegnung zwischen einem menschlichen Tier und einem hündischen Tier kann voller Wahrhaftigkeit und Wertschätzung für das, was den anderen ausmacht, und eine unglaubliche Erfahrung sein.

Da ich das große Glück habe, dass mir sehr viele Hunde

als Lehrmeister bei meiner Arbeit zur Verfügung stehen, habe ich mit der Zeit gelernt, auf Massivität zu verzichten und Präsenz zu erwerben. Das zeigt sich heute zum Beispiel sehr deutlich daran, wie ich einen Raum beanspruche. Während ich Hunde vor zwei Jahren noch häufig sanft, aber bestimmt zurückschob, wenn sie mich in bestimmten Situationen überholen wollten, komme ich heute bei neunzig Prozent von ihnen ganz ohne körperliche Berührung aus. Mittlerweile drehe ich mich, bevor der Hund an mir vorbeiziehen kann, kurz zu ihm ein und mache das, was mein derzeitiger Leithund Raida macht: Ich zeige Präsenz. Dabei ist völlige Ruhe und keinerlei körperliche Aktion gefragt. Ich stehe einfach da, sehe den Hund an und warte, bis ich bei ihm angekommen bin. Dann gehe ich weiter. Das hat dazu geführt, dass ich ihn danach nicht mehr darauf hinweisen muss, dass der Raum vor mir gerade tabu ist, weil ich das bereits durch diesen mentalen Dialog geklärt habe. (Das bedeutet nicht, dass der Hund dadurch auch beim nächsten Gang an der Leine von allein hinter Ihnen läuft. Da Sie kommunizieren und nicht konditionieren, müssen Sie eine Information immer wieder geben.)

Testen Sie Ihre Präsenz einmal in einer Partnerübung mit einem Menschen, bevor Sie sie mit Ihrem Hund üben. Stellen Sie sich frontal vor den Partner und seien Sie einfach sehr präsent (wie bei der Spiegelübung). Sehen Sie den Menschen dabei an, auch wenn jener den Blick auf irgendetwas anderes gerichtet hält, wie viele Hunde das in dieser Situation auch tun, weil sie bereits an die Stelle sehen, zu der sie hinwollen. Lassen Sie den Menschen nicht an sich vorbei. Sie stehen wie eine Wand (oder die Haushälterin in dem Hitchcock Film *Rebecca*, die ein hervorragendes Beispiel für Präsenz ist) immer wie aus dem Boden gewachsen bereits vor ihm. Wirken Sie einfach für sich und machen Sie sonst gar nichts. Ihr Partner wird auf die Spannung, die Sie dadurch aufbauen, reagieren. Wenn Sie keine Spannung erzeugen, weil Sie noch nicht genügend Präsenz haben, wird er nicht reagieren. Reagiert er und sieht Sie zum Beispiel an oder hält in seiner Bewegung inne, merken Sie sich diese Energie für Ihren Hund.

Um die Präsenz gegebenenfalls verstärken zu können, habe ich für mich ein Bild gefunden, das mir am Anfang half, diese Fähigkeit zu erlernen. Ich wurde (allein) nur zur Probe erst einmal lauter, indem ich mit Sprache und/oder Geräuschen arbeitete, und spürte, wie meine Energie dabei nach vorn ging und so massiven Druck erzeugte. Dann probierte ich ein wenig herum, bis ich darauf kam, mir meine eigene Präsenz wie eine innere Säule vorzustellen, die ich immer mehr in die Breite schiebe, wenn ich sie verstärken will. Sie können auch jedes beliebige andere Bild nehmen, das Ihnen hilft, *bei sich selbst zu bleiben* und *Massivität nach vorn* zu vermeiden.

## Hundebegegnungen üben

Für Hunde muss es seltsam sein, dass sie an unserer Seite üben müssen, wie sie sich ihren eigenen Artgenossen gegenüber verhalten sollen.

Stellen Sie sich vor, wir alle lebten – weil es keinen anderen Ort auf der Welt mehr für uns gibt – mit Elefanten in der Savanne, die uns versorgen, weil wir an das Leben dort nicht angepasst sind. Da wir nun nicht mehr miteinander leben, sondern jeder Einzelne von uns mit »seinem« Elefanten zusammen ist, verlieren wir unsere Familienverbünde und unsere Freunde. Wir verlernen den kulturellen Umgang miteinander, haben keinen Beruf mehr oder sonst etwas, das uns bisher ausmachte, und werden von den Elefanten immer abhängiger. Wir sind darauf angewiesen, dass die Elefanten sich richtig verhalten und uns die Möglichkeit geben, unsere Individualdistanzen einzuhalten. Weil die Elefanten unsere Bedürfnisse jedoch nicht kennen, schlagen sie uns mitunter mit dem Rüssel auf die Hände, wenn wir uns untereinander freundlich guten Tag sagen wollen, und einige von ihnen stupsen uns zueinander, auch wenn wir unser Gegenüber gerade gar nicht ausstehen können.

Irgendwann sind wir alle so gestört und machen den Elefanten so viele Probleme, dass sie Menschenschulen gründen, die sie einmal in der Woche mit uns besuchen, damit wir wieder lernen, miteinander umzugehen. Der Lehrer ist natürlich auch ein Elefant.

Dieses Fantasiegebilde ist selbstverständlich nicht eins zu eins auf die Hund-Mensch-Situation übertragbar, aber mitunter stelle ich mir das Erleben unserer Hunde so ähnlich vor. Vor allem dann, wenn wir Hunde in der Hundeschule auf einer riesigen Freifläche zwingen, aufeinander zu- und eng aneinander vorbeizugehen, obwohl genügend Raum zum Ausweichen wäre. Ich erinnere mich noch lebhaft an eine Wolfshündin, die mit einer jungen Frau an einem meiner Seminare teilnahm. Die Wolfshündin (halb Wolf, halb Schäferhund) hatte ihrer Abstammung entsprechend ein sehr ursprüngliches Wesen. Die junge Frau berichtete, ihr einziges Problem sei, dass sie das Gefühl habe, der Hund vertraue ihr bei Hundebegegnungen nicht, denn er würde in einem solchen Fall immer sehr weit ausweichen und sich dabei von ihr entfernen. Das geschehe vor allem im Freilauf. An der Leine gehalten, ziehe die Hündin bei Hundebegegnungen zur Seite weg, da sie ja nicht weiter ausweichen könne. Die Frau wollte lernen, wie sie die Wolfshündin im Freilauf so führen könne, dass diese bei ihr bliebe und sich von ihr beschützt fühle. Weil ich bei der Wolfshündin auf dem Trainingsgelände keinerlei Berührungsängste mit Artgenossen entdecken konnte, sah ich mir neugierig das Ganze auf einem breiten Waldweg an. Ich ließ einen fremden Hund aus dreihundert Meter Entfernung auf die freilaufende Wolfshündin und die junge Frau zukommen. Die Wolfshündin ging, sobald der Hund in Sichtweite war, einen großen Bogen durch das Unterholz um diesen herum und schloss dann wieder zu der jungen Frau auf, die den Weg weitergelaufen war. Das alles tat sie völlig ruhig und entspannt. Angst konnte ich bei ihr nicht entdecken.

Ich bat die junge Frau, das Ganze mit einem neuen, ihnen entgegenkommenden Hund zu wiederholen, und auf mein Rufzeichen hin – eine Hundertstel Sekunde eher als die Wolfshündin – den Bogen selbst anzubieten. Wieder liefen die beiden den Waldweg entlang, und ich beobachtete die Wolfshündin. In dem Moment, in dem ein kurzer Blick von ihr anzeigte, dass sie den entgegenkommenden Hund wahrgenommen hatte, rief ich: »Und jetzt.« Die junge Frau bog ruhig und gelassen, so, wie ich sie gebeten hatte, in das Unterholz ab.

Der Blick der Wolfshündin zählt zu den Momenten meiner Arbeit, die ich niemals vergessen werde. Sie wendete wie in Zeitlupe den Kopf und sah ihrem Frauchen mit einem Ausdruck unglaublicher Überraschung hinterher. »Nach so langer Zeit hast du es endlich verstanden?«, hätte ihr Blick sagen können. Das war so deutlich, dass nicht nur ich, sondern alle Umstehenden eine Gänsehaut bekamen. Dann folgte sie der jungen Frau in das Unterholz und ging ruhig hinter ihr her. Gemeinsam tauchten sie dann wieder auf dem Weg auf, als sie den fremden Hund umrundet hatten.

Beim nächsten Versuch machte die junge Frau von selbst einen Bogen durch das Unterholz, als ein neuer Hund auftauchte, und wieder folgte ihr die Wolfshündin. Beim vierten Mal blieb die Hündin plötzlich fast auf dem Weg und hielt nur einen Abstand von ungefähr fünfzig Zentimetern ein. »Du kannst den Bogen verkleinern«, rief ich daraufhin der jungen Frau zu, die dem entgegenkommenden Hund wie zuvor durch das Unterholz auswich.

Zum zweiten Mal bekam ich Gänsehaut.

Die Wolfshündin hatte in den bisherigen Begegnungssituationen vermutlich nicht nachvollziehen können, warum ihr Frauchen sich so unhöflich benahm und in einer frontalen Drohgebärde auf einen fremden Hund zugehen wollte, obwohl genügend Platz zum Ausweichen da war. Ihr bisheriger großer Bogen sollte offenbar das unhöfliche Verhalten der Frau ausgleichen. Jetzt, da sich die junge Frau aus der Sicht des Hundes in diesem Punkt kompetent verhielt, reichte der Wolfshündin die Andeutung eines Bogens, um dem entgegenkommenden Hund die eigene friedliche Absicht zu vermitteln und seine Individualdistanz zu respektieren. Da die Wolfshündin noch ein sehr ursprüngliches Verhalten zeigte und in ihrer Natur nicht gestört schien, konnte ich davon ausgehen, dass es ihr nur um eine gute Kommunikation gegangen war und nicht um ein Meideverhalten.

Es ist also wenig hilfreich, eine Trainingssituation, die eine Begegnung auf einem schmalen Bordstein simulieren soll, auf einem breiten Weg zu absolvieren, bei dem ein Ausweichen möglich wäre, oder gar auf einem großen Freigelände. Wenn kein Bordstein zum Training zur Verfügung steht, kann man auf einem großen Gelände zur Simulation eines Bordsteins zumindest mit einem Weidezaun eine Gasse abstecken.

Bitte verlieren Sie dabei nie aus dem Auge, dass ein solches Training nur für uns Menschen gemacht ist. Es geht darum, einen Blick für diese Situationen zu gewinnen, in denen Hunde in *unserem* Alltag ständig die Individualdistanzen ihrer Artgenossen unterschreiten müssen und zulassen sollen, dass ihre eigene unterschritten wird, weil ihnen durch die Enge der Stadt und das Laufen an der Leine keine andere Möglichkeit bleibt. Das bringt einen großen Teil ihrer Kommunikation durcheinander und kann sie reizbar, unsicher und aggressiv machen. Nach vielen Trainingssequenzen zeigte sich, dass bereits die Rücksichtnahme auf die Gegebenheiten der Ausweichmöglichkeiten und die Ruhe des Halters vielen Hunden die Sicherheit vermitteln kann, dass der Mensch, der ihre eigene Handlungsfähigkeit durch die Leine einschränkt, sich nun zumindest selbst angemessener benimmt.

# Zu guter Letzt

**Ein Tipp zur Anwendung menschlicher Ideen bei Ihrem Hund**

Alles, was Ihnen empfohlen wird, *Ihrem Gefühl* nach aber nicht mit der *Natur* Ihres eigenen Hundes übereinstimmt, dürfen Sie getrost sein lassen.

**Ein Tipp zur Rechtfertigung**

Sie müssen sich weder dafür rechtfertigen, was Ihrem Hund guttut, noch was ihm nicht guttut. Sie müssen sich nur Ihrem Hund gegenüber rechtfertigen. Er ist es, mit dem Sie leben.

**Ein Tipp zum Umgang mit wissenschaftlichen »Totschlag«-Argumenten**

Alle wissenschaftlichen Erklärungen und Argumente sind nur von Menschen gemacht. Sie dürfen deshalb infrage gestellt werden, wenn es um Hunde geht.

Abschließend möchte ich nun alle ermutigen, Gewohntes zu hinterfragen. Gewohntes wird nicht dadurch richtig, dass wir es gewohnt sind. Hunde in ihrem eigenen individuellen Wesen wahrzunehmen und wertzuschätzen ist ein Ausdruck von Liebe, der zwar selten ist, den aber jedes Wesen verdient hat.